畜禽疾病快速诊治书系

快速诊治指南

YANGBING KUAISU ZHENZHI ZHINAN

（第2版）

陈万选　　陈爱云◎著

河南科学技术出版社
·郑州·

图书在版编目（CIP）数据

羊病快速诊治指南/陈万选，陈爱云著.—2版.—郑州：
河南科学技术出版社，2014.11
（畜禽疾病快速诊治书系）
ISBN 978-7-5349-7408-3

Ⅰ.①羊…　Ⅱ.①陈…　②陈…　Ⅲ.①羊病-诊疗-指南
Ⅳ.S858.26-62

中国版本图书馆 CIP 数据核字（2014）第 247568 号

出版发行：河南科学技术出版社
　　　　　地址：郑州市经五路 66 号　　　邮编：450002
　　　　　电话：（0371）65737028　65788613
　　　　　网址：www.hnstp.cn
责任编辑：申卫娟
责任校对：李振方
封面设计：张　伟
印　　刷：河南新达彩印有限公司
经　　销：全国新华书店
幅面尺寸：185 mm×240 mm　　印张：13.25　　字数：249 千字
版　　次：2014 年 11 月第 2 版　　2014 年 11 月第 1 次印刷
定　　价：29.00 元

如发现印、装质量问题，影响阅读，请与出版社联系并调换。

前　言

　　羊是草食动物，能大量利用农作物秸秆，饲料来源广，而且繁殖快，生产周期短；养羊投资少，商品率高，致富快。另外，羊病虽多，但对人类影响很小，与其他家畜相比，相对比较安全。羊肉已成为人们生活的主要肉食，羊全身是宝，奶、肉、皮毛是人们生活的必需品，有广阔的销售市场，是一个很好的养殖产业。但是养羊的唯一难题是病多且不易发现。羊病的特点是起病急、难诊断、死亡快，只有依靠经验，才能尽快确诊、及时用药，控制和治愈羊病。鉴于此，作者将50 余年同羊病做斗争的经验集成《羊病快速诊治指南》。书中第一部分将病后症状表现以图表的形式、问答的方法，启迪引导读者快速地对常见疾病进行分析、对比，获得初步诊断、诊治的方向。第二部分对各种疾病凭借经验进行综合分析，尽快确诊，以使羊只得到及时治疗。

　　本书自 2009 年出版后，收到科研单位、养羊企业和养羊户来电、来信很多，均反映本书内容丰富、实用，能提高诊治羊病技术，减少了经济损失，增加了养殖的经济效益，起到了良好的向导作用。全国各地来电咨询养殖技术难题千余次，如：福建厦门的羊关节炎问题，内蒙古绵羊喂玉米肚胀问题，重庆万州区太龙镇羊烂嘴问题，黑龙江绵羊口疮问题，山东青岛羊跛问题，三门峡市羊硬蜱虫问题。为此我们进行修订，本书第 2 版新增病理彩图，使快速诊断增加了直观性；增加了病理演化表，对疾病转变增加了可预见性。在治疗方面，尽量采取简单内服药物，特别是中药，纠正不必要注射的化学性药物。本书可供畜牧兽医工作人员及规模化养殖专业户参考。

　　本书是编者从事兽医临床工作 50 余年的经验积累，同时参考了有关专业杂志。由于水平所限，书中不妥之处敬请读者指正。

编者

2014 年 7 月

目录

十二、常用药物

一、症状诊断图表

1.外貌观察

外貌观察是指站立在羊前侧方并保持一定距离，综观全身各部位状态，区分出生理现象与病理变化。有经验的兽医，首先应熟悉羊的正常外貌，才能发现异常的病态，从而给进一步诊断提供线索，然后顺藤摸瓜，透过现象抓住本质，为确诊找到依据。

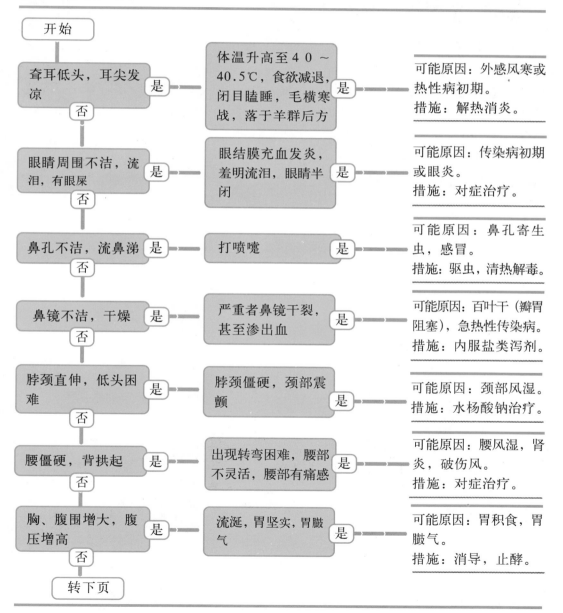

开始

耷耳低头，耳尖发凉 —是→ 体温升高至40～40.5℃，食欲减退，闭目瞌睡，毛横寒战，落于羊群后方 —是→ 可能原因：外感风寒或热性病初期。
措施：解热消炎。

↓否

眼睛周围不洁，流泪，有眼屎 —是→ 眼结膜充血发炎，羞明流泪，眼睛半闭 —是→ 可能原因：传染病初期或眼炎。
措施：对症治疗。

↓否

鼻孔不洁，流鼻涕 —是→ 打喷嚏 —是→ 可能原因：鼻孔寄生虫，感冒。
措施：驱虫，清热解毒。

↓否

鼻镜不洁，干燥 —是→ 严重者鼻镜干裂，甚至渗出血 —是→ 可能原因：百叶干（瓣胃阻塞），急热性传染病。
措施：内服盐类泻剂。

↓否

脖颈直伸，低头困难 —是→ 脖颈僵硬，颈部震颤 —是→ 可能原因：颈部风湿。
措施：水杨酸钠治疗。

↓否

腰僵硬，背拱起 —是→ 出现转弯困难，腰部不灵活，腰部有痛感 —是→ 可能原因：腰风湿，肾炎，破伤风。
措施：对症治疗。

↓否

胸、腹围增大，腹压增高 —是→ 流涎，胃坚实，胃臌气 —是→ 可能原因：胃积食，胃臌气。
措施：消导，止酵。

↓否

转下页

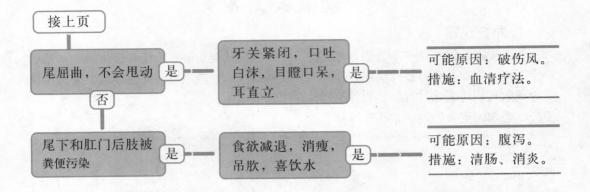

接上页

尾屈曲，不会甩动 ——是—→ 牙关紧闭，口吐白沫，目瞪口呆，耳直立 ——是—→ 可能原因：破伤风。
措施：血清疗法。

否

尾下和肛门后肢被粪便污染 ——是—→ 食欲减退，消瘦，吊胀，喜饮水 ——是—→ 可能原因：腹泻。
措施：清肠、消炎。

　　提示　健康羊外貌应该是机灵敏捷，听人呼唤，耳朵灵活，能随声源改变灵活转动耳郭。眼睛明亮有神，眼球转动灵活自如，眼周围洁净。鼻孔干净，鼻镜湿润有汗珠。被毛光润，流向一致，躯干平直，活动柔软、灵活。胸腹部自然凸起，能协调呼吸，自然起伏，四肢强健有力，运步协调。

羊的年龄鉴定

8 日龄	门齿 6 个	5 岁	4 对永久齿长整齐（齐口）
1 月龄	门齿 8 个	6 岁	中间门齿磨平
1 岁半	中间门齿脱落	7 岁	中间门齿磨成圆形
2 岁	第二对门齿脱落	8 岁	全部门齿磨成圆形
3 岁	第三对门齿脱落	10 岁	门齿间出现间隙
4 岁	最后一对门齿脱落		

体温、脉搏与呼吸频率表

羊别	体温（℃）	脉搏（次／分）	呼吸（次／分）
普通山羊	37.5~39	60~75	18~34
奶山羊	37~38.5	55~70	16~35
绵羊	38~40	65~80	15~25

脉搏、心跳与预后病危之关系

● **雀食脉** 脉搏快慢失衡，心跳有间歇，时停、时速、时快、时慢，如麻雀啄食样。呈昏迷状，不能自主，如醉酒样。口色青紫，共济失调，中兽医叫心绝，不可医，系危症。

● **虾游脉** 脉搏频速，区分不出第一心音和第二心音。100 次／分以上时，只见呼气不见吸气，而且呼气有凉感，全身末端发凉。如耳、四肢末端温度下降，口色黑紫，中兽医叫肺绝，不可医，属机体碱中毒。

● **细脉** 细微难以触觉，心跳、呼吸徐缓，皮肤干燥失去弹性，掐起皮褶不能很快平复，眼窝塌陷，口色苍白，口角、耳根冷感，口鼻涎涕多，中兽医叫脾绝，属严重脱水，不可医。

● **实脉** 血管硬如胶管，跳动时快时慢，口色黄染，兴奋与昏迷交替出现，反应迟钝，唇舌下垂，眼闭无神，全身抽搐，中兽医叫肝绝，属自体中毒，不可医。

● **软脉** 血管粗而软弱，搏动无力，节律失常，全身皮薄毛少松软处皮肤水肿，口色青黄，反应迟钝，卧地不起，中兽医叫肾绝，属酸中毒，不可医。

出现以上脉搏变化均为预后不良，在一两天内会死亡。

2.病态姿势

病态姿势是指能显示某种疾病的异常姿势。这种能保持时间较长的反常状态和运动形式，主要是由于中枢神经受到伤害，如脑包虫、脑肿瘤以及脑局部病灶，导致听觉和视觉紊乱所引起的。

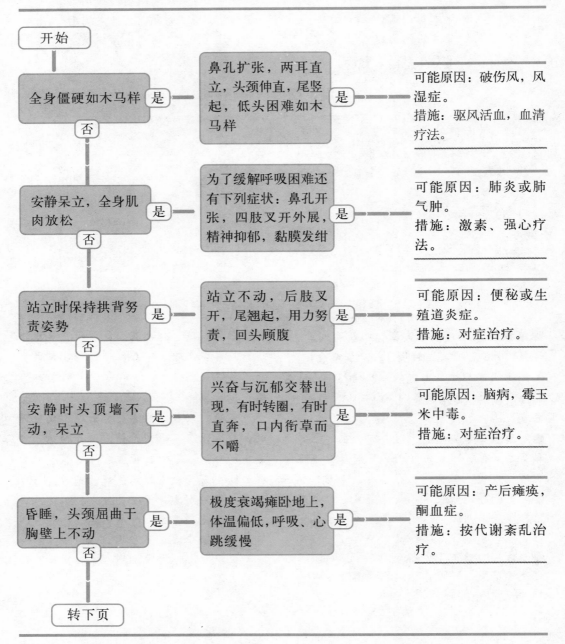

开始

全身僵硬如木马样 —是→ 鼻孔扩张，两耳直立，头颈伸直，尾竖起，低头困难如木马样 —是→ 可能原因：破伤风，风湿症。
措施：驱风活血，血清疗法。

否↓

安静呆立，全身肌肉放松 —是→ 为了缓解呼吸困难还有下列症状：鼻孔开张，四肢叉开外展，精神抑郁，黏膜发绀 —是→ 可能原因：肺炎或肺气肿。
措施：激素、强心疗法。

否↓

站立时保持拱背努责姿势 —是→ 站立不动，后肢叉开，尾翘起，用力努责，回头顾腹 —是→ 可能原因：便秘或生殖道炎症。
措施：对症治疗。

否↓

安静时头顶墙不动，呆立 —是→ 兴奋与沉郁交替出现，有时转圈，有时直奔，口内衔草而不嚼 —是→ 可能原因：脑病，霉玉米中毒。
措施：对症治疗。

否↓

昏睡，头颈屈曲于胸壁上不动 —是→ 极度衰竭瘫卧地上，体温偏低，呼吸、心跳缓慢 —是→ 可能原因：产后瘫痪，酮血症。
措施：按代谢紊乱治疗。

否↓

转下页

4

接上页

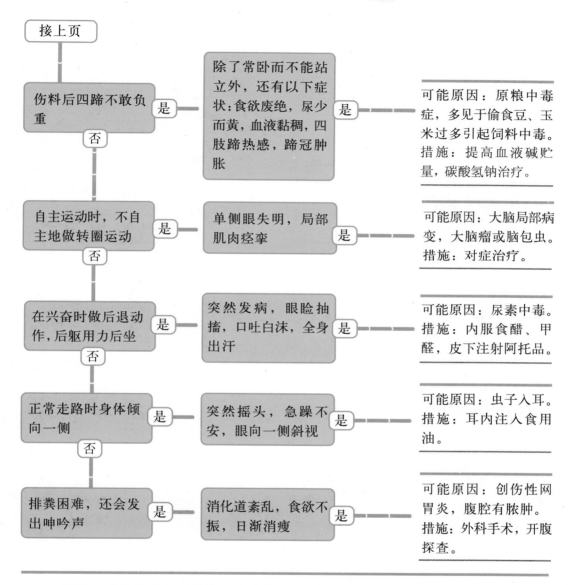

伤料后四蹄不敢负重 —是→ 除了常卧而不能站立外，还有以下症状：食欲废绝，尿少而黄，血液黏稠，四肢蹄热感，蹄冠肿胀 —是→ 可能原因：原粮中毒症，多见于偷食豆、玉米过多引起饲料中毒。措施：提高血液碱贮量，碳酸氢钠治疗。

否

自主运动时，不自主地做转圈运动 —是→ 单侧眼失明，局部肌肉痉挛 —是→ 可能原因：大脑局部病变，大脑瘤或脑包虫。措施：对症治疗。

否

在兴奋时做后退动作，后躯用力后坐 —是→ 突然发病，眼睑抽搐，口吐白沫，全身出汗 —是→ 可能原因：尿素中毒。措施：内服食醋、甲醛，皮下注射阿托品。

否

正常走路时身体倾向一侧 —是→ 突然摇头，急躁不安，眼向一侧斜视 —是→ 可能原因：虫子入耳。措施：耳内注入食用油。

否

排粪困难，还会发出呻吟声 —是→ 消化道紊乱，食欲不振，日渐消瘦 —是→ 可能原因：创伤性网胃炎，腹腔有脓肿。措施：外科手术，开腹探查。

提示 羊卧地不起巧治法：取生姜、大蒜各1克，人的唾液少许，混合捣成泥涂入眼角内即可，羊很快能站立。

3.乳房检查

本病是常见的产科疾病,尤其奶山羊发病率较高,危害严重,常因医治不力引起繁殖失败,甚至引起奶山羊报废。该病病因很多,以饲养管理失误、消毒不严、细菌感染、挤奶不及时、乳汁在乳房中蓄积过久为主要病因。

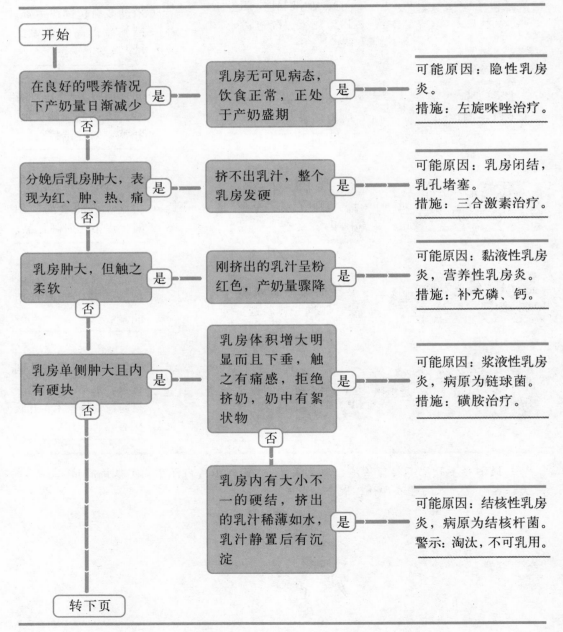

开始

在良好的喂养情况下产奶量日渐减少 —是→ 乳房无可见病态,饮食正常,正处于产奶盛期 —是→ 可能原因:隐性乳房炎。
措施:左旋咪唑治疗。

否

分娩后乳房肿大,表现为红、肿、热、痛 —是→ 挤不出乳汁,整个乳房发硬 —是→ 可能原因:乳房闭结,乳孔堵塞。
措施:三合激素治疗。

否

乳房肿大,但触之柔软 —是→ 刚挤出的乳汁呈粉红色,产奶量骤降 —是→ 可能原因:黏液性乳房炎,营养性乳房炎。
措施:补充磷、钙。

否

乳房单侧肿大且内有硬块 —是→ 乳房体积增大明显而且下垂,触之有痛感,拒绝挤奶,奶中有絮状物 —是→ 可能原因:浆液性乳房炎,病原为链球菌。
措施:磺胺治疗。

否 / 否

乳房内有大小不一的硬结,挤出的乳汁稀薄如水,乳汁静置后有沉淀 —是→ 可能原因:结核性乳房炎,病原为结核杆菌。
警示:淘汰,不可乳用。

转下页

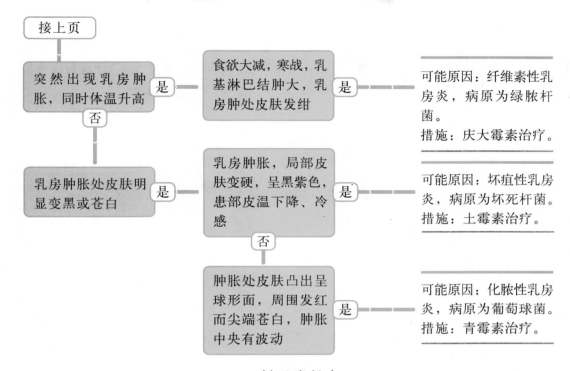

接上页

突然出现乳房肿胀，同时体温升高 —是→ 食欲大减，寒战，乳基淋巴结肿大，乳房肿处皮肤发绀 —是→ 可能原因：纤维素性乳房炎，病原为绿脓杆菌。
措施：庆大霉素治疗。

否

乳房肿胀处皮肤明显变黑或苍白 —是→ 乳房肿胀，局部皮肤变硬，呈黑紫色，患部皮温下降、冷感 —是→ 可能原因：坏疽性乳房炎，病原为坏死杆菌。
措施：土霉素治疗。

否

肿胀处皮肤凸出呈球形面，周围发红而尖端苍白，肿胀中央有波动 —是→ 可能原因：化脓性乳房炎，病原为葡萄球菌。
措施：青霉素治疗。

繁殖常数表

羊别	性成熟时间	初配时间	发情时间	发情持续时间	性周期	怀孕天数	产后首次发情期	断奶时间	可利用年限
普通山羊	5 月龄	9 月龄	8～9 月	35 小时	20 天	150 天	30 天	3 个月	8 年
奶山羊	6 月龄	10 月龄	8～9 月	40 小时	20 天	148 天	30 天		10 年
绵羊	7 月龄	10 月龄	8～9 月	30 小时	16 天	145 天	40 天	3 个月	9 年

快速诊断隐性乳房炎

1. 试剂配制：烷基硫酸钠（即洗衣粉）2 克，注射用水 100 毫升，混合溶解后备用。
2. 检验方法：取新鲜乳（刚挤出的中间乳，开始挤出的抛弃）1.5～2 毫升，滴在反应皿中，加入等量的试剂，使两液充分混合（摇振反应皿）1 分钟，若出现絮状胶冻样物即为阳性，可确诊为隐性乳房炎。

4.腹围变化

腹围变化是指腹部的形态异常。一般来说，饱食后和饮水后腹围会增大，而在饥饿时腹围会收缩小些，怀孕后期腹围相对也增大，这都是正常现象。有病情况下则不然，如肠臌气、胃积食、腹水、腹腔肿瘤、细颈囊尾蚴病等均会出现腹围异常增大。

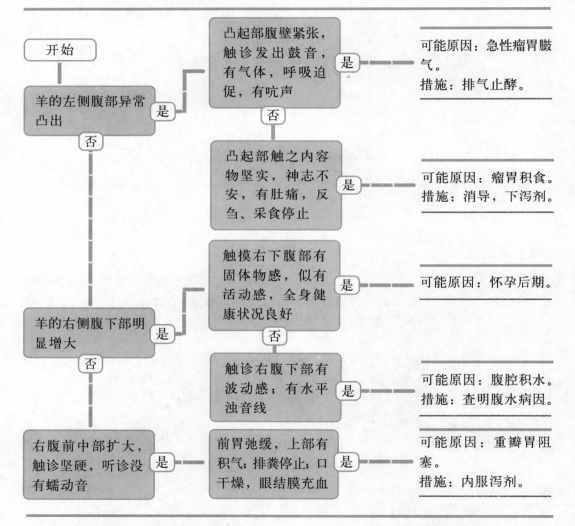

提示1　若急性瘤胃臌气严重时，如呼吸困难，有窒息危险，张口伸舌，尿呈滴状等，应立即采取瘤胃穿刺放气。

提示2　羊的重瓣胃阻塞，多由于采食半湿不干的秧藤类（如红薯秧、花生秧）而发病。所以要喂这些秧类（多粗纤维）饲草时，必须晒干后喂，或趁青绿时喂给。

5.淋巴结检查

淋巴系统是机体的重要体内屏障,有防御和消灭病原微生物的作用。它把入侵者——细菌及病毒收集并扣留在淋巴结内,就地进行无害化处理,防止病原体扩散,危及全身。同时,淋巴结会出现体积增大和形态改变,这种特异变化,就成为兽医诊断疾病的"显示器"。

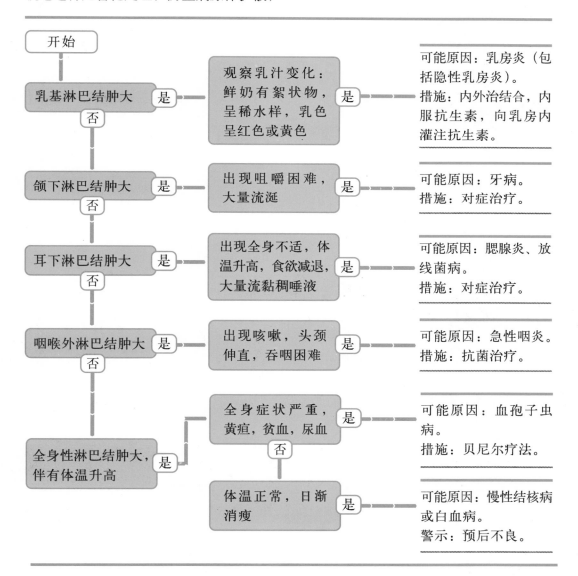

开始

乳基淋巴结肿大 —是→ 观察乳汁变化:鲜奶有絮状物,呈稀水样,乳色呈红色或黄色 —是→ 可能原因:乳房炎(包括隐性乳房炎)。措施:内外治结合,内服抗生素,向乳房内灌注抗生素。
否↓

颌下淋巴结肿大 —是→ 出现咀嚼困难,大量流涎 —是→ 可能原因:牙病。措施:对症治疗。
否↓

耳下淋巴结肿大 —是→ 出现全身不适,体温升高,食欲减退,大量流黏稠唾液 —是→ 可能原因:腮腺炎、放线菌病。措施:对症治疗。
否↓

咽喉外淋巴结肿大 —是→ 出现咳嗽,头颈伸直,吞咽困难 —是→ 可能原因:急性咽炎。措施:抗菌治疗。
否↓

全身性淋巴结肿大,伴有体温升高 —是→ 全身症状严重,黄疸,贫血,尿血 —是→ 可能原因:血孢子虫病。措施:贝尼尔疗法。
否↓
体温正常,日渐消瘦 —是→ 可能原因:慢性结核病或白血病。警示:预后不良。

提示 淋巴结肿的特征是:体积扩大1~2倍,表面凸凹不平,有热痛,移动范围缩小,甚至无移动性,质地较正常淋巴结坚硬。

6. 皮肤病态

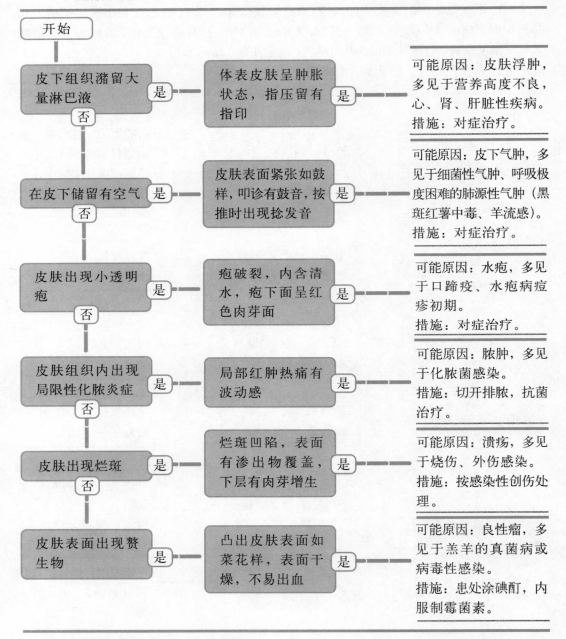

开始

皮下组织潴留大量淋巴液 —是→ 体表皮肤呈肿胀状态，指压留有指印 —是→ 可能原因：皮肤浮肿，多见于营养高度不良，心、肾、肝脏性疾病。措施：对症治疗。

否

在皮下储留有空气 —是→ 皮肤表面紧张如鼓样，叩诊有鼓音，按推时出现捻发音 —是→ 可能原因：皮下气肿，多见于细菌性气肿、呼吸极度困难的肺源性气肿（黑斑红薯中毒、羊流感）。措施：对症治疗。

否

皮肤出现小透明疱 —是→ 疱破裂，内含清水，疱下面呈红色肉芽面 —是→ 可能原因：水疱，多见于口蹄疫、水疱病痘疹初期。措施：对症治疗。

否

皮肤组织内出现局限性化脓炎症 —是→ 局部红肿热痛有波动感 —是→ 可能原因：脓肿，多见于化脓菌感染。措施：切开排脓，抗菌治疗。

否

皮肤出现烂斑 —是→ 烂斑凹陷，表面有渗出物覆盖，下层有肉芽增生 —是→ 可能原因：溃疡，多见于烧伤、外伤感染。措施：按感染性创伤处理。

否

皮肤表面出现赘生物 —是→ 凸出皮肤表面如菜花样，表面干燥，不易出血 —是→ 可能原因：良性瘤，多见于羔羊的真菌病或病毒性感染。措施：患处涂碘酊，内服制霉菌素。

提示 痘疹的快速确诊方法：将病羊体表的丘疹痂皮剪下，放在无菌生理盐水中（5毫升）研磨成混悬液，给无病羊在尾下划痕接种，待3～4天后，若该羊发生同样痘疹即可确诊为羊痘。

7.皮肤病变

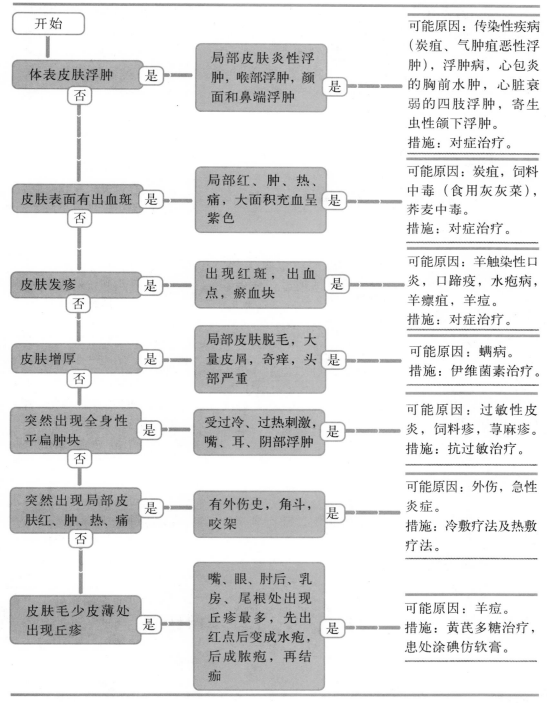

开始

体表皮肤浮肿 — 是 → 局部皮肤炎性浮肿，喉部浮肿，颜面和鼻端浮肿 — 是 → 可能原因：传染性疾病（炭疽、气肿疽恶性浮肿），浮肿病，心包炎的胸前水肿，心脏衰弱的四肢浮肿，寄生虫性颌下浮肿。
措施：对症治疗。

否 ↓

皮肤表面有出血斑 — 是 → 局部红、肿、热、痛，大面积充血呈紫色 — 是 → 可能原因：炭疽，饲料中毒（食用灰灰菜），荞麦中毒。
措施：对症治疗。

否 ↓

皮肤发疹 — 是 → 出现红斑，出血点，瘀血块 — 是 → 可能原因：羊触染性口炎，口蹄疫，水疱病，羊瘰疽，羊痘。
措施：对症治疗。

否 ↓

皮肤增厚 — 是 → 局部皮肤脱毛，大量皮屑，奇痒，头部严重 — 是 → 可能原因：螨病。
措施：伊维菌素治疗。

否 ↓

突然出现全身性平扁肿块 — 是 → 受过冷、过热刺激，嘴、耳、阴部浮肿 — 是 → 可能原因：过敏性皮炎，饲料疹，荨麻疹。
措施：抗过敏治疗。

否 ↓

突然出现局部皮肤红、肿、热、痛 — 是 → 有外伤史，角斗，咬架 — 是 → 可能原因：外伤，急性炎症。
措施：冷敷疗法及热敷疗法。

否 ↓

皮肤毛少皮薄处出现丘疹 — 是 → 嘴、眼、肘后、乳房、尾根处出现丘疹最多，先出红点后变成水疱，后成脓疱，再结痂 — 是 → 可能原因：羊痘。
措施：黄芪多糖治疗，患处涂碘仿软膏。

8.皮肤水肿

机体组织约含 70%以上的水分，这些水在血液、淋巴液中不停地循环，维护机体的生命活动，同时不停地进行新陈代谢，保持组织间水分分布的平衡。当代谢失去平衡,组织的间隙中有过多的液体潴留时,就叫水肿。引起水肿的原因很多,有渗透压改变,心、肝、肾性疾病,还有感染发炎性和寄生虫性疾病、过敏等。

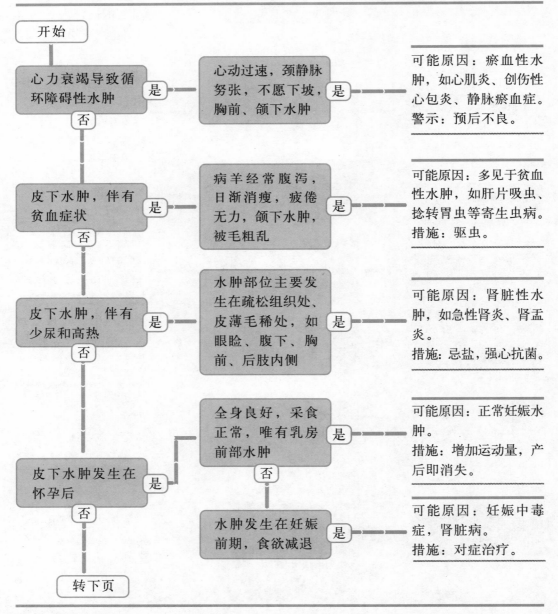

开始

心力衰竭导致循环障碍性水肿 —是→ 心动过速,颈静脉努张,不愿下坡,胸前、颌下水肿 —是→ 可能原因：瘀血性水肿,如心肌炎、创伤性心包炎、静脉瘀血症。警示：预后不良。

否

皮下水肿,伴有贫血症状 —是→ 病羊经常腹泻,日渐消瘦,疲倦无力,颌下水肿,被毛粗乱 —是→ 可能原因：多见于贫血性水肿,如肝片吸虫、捻转胃虫等寄生虫病。措施：驱虫。

否

皮下水肿,伴有少尿和高热 —是→ 水肿部位主要发生在疏松组织处、皮薄毛稀处,如眼睑、腹下、胸前、后肢内侧 —是→ 可能原因：肾脏性水肿,如急性肾炎、肾盂炎。措施:忌盐,强心抗菌。

否

皮下水肿发生在怀孕后 —是→ 全身良好,采食正常,唯有乳房前部水肿 —是→ 可能原因：正常妊娠水肿。措施：增加运动量,产后即消失。

否（全身良好框下）→ 水肿发生在妊娠前期,食欲减退 —是→ 可能原因：妊娠中毒症,肾脏病。措施：对症治疗。

否

转下页

12

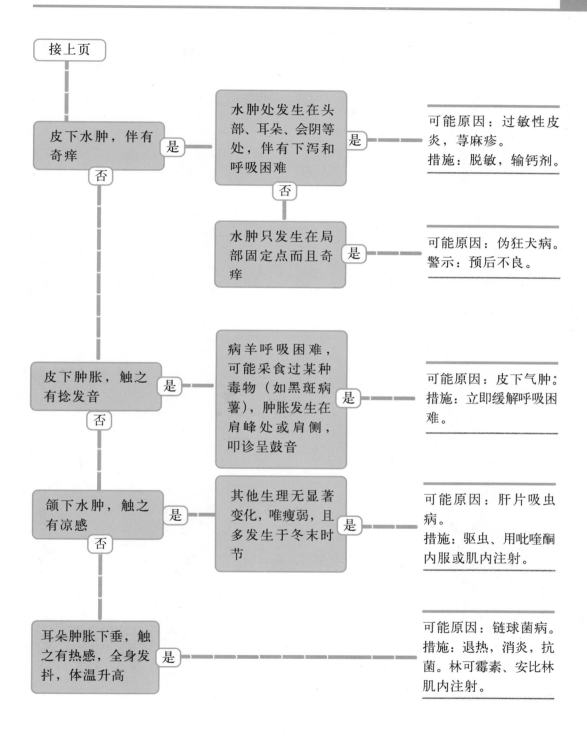

接上页

皮下水肿，伴有奇痒 — 是 → 水肿处发生在头部、耳朵、会阴等处，伴有下泻和呼吸困难 — 是 → 可能原因：过敏性皮炎，荨麻疹。措施：脱敏，输钙剂。

否 ↓ / 否 ↓ → 水肿只发生在局部固定点而且奇痒 — 是 → 可能原因：伪狂犬病。警示：预后不良。

皮下肿胀，触之有捻发音 — 是 → 病羊呼吸困难，可能采食过某种毒物（如黑斑病薯），肿胀发生在肩峰处或肩侧，叩诊呈鼓音 — 是 → 可能原因：皮下气肿；措施：立即缓解呼吸困难。

否 ↓

颌下水肿，触之有凉感 — 是 → 其他生理无显著变化，唯瘦弱，且多发生于冬末时节 — 是 → 可能原因：肝片吸虫病。措施：驱虫、用吡喹酮内服或肌内注射。

否 ↓

耳朵肿胀下垂，触之有热感，全身发抖，体温升高 — 是 → 可能原因：链球菌病。措施：退热，消炎，抗菌。林可霉素、安比林肌内注射。

9. 水肿鉴别诊断表

水肿性质	心脏性水肿	肾脏性水肿	肝脏性水肿	营养性水肿	内分泌性水肿	妊娠性水肿
水肿部位	首先出现在远心端（如四肢末端、颌下），然后发展到全身	先出现在皮肤薄毛稀处、眼睑、腹下部，然后向全身发展	下肢和皮肤松软处，多出现腹水	四肢末端，然后向全身发展、消瘦	头部及颜面部	四肢和腹下，乳房前部
皮肤变化	可能皮肤发绀	苍白	黄疸与出血斑	粗糙、苍白、干燥有皮屑	苍白	正常或苍白
心脏变化	心脏听诊区扩大，有杂音	正常	正常	有缩期杂音，心音近而清	心悸亢进	正常或稍快
肝脏变化	肿大	正常	肝脏缩小，脾脏肿大	正常或稍肿大	正常	正常
呼吸	困难	正常	正常	正常	正常	加快
红细胞计数	正常	减少	减少	减少	正常	减少
病因	心包炎（创伤性）、心肌炎、心内膜炎	肾小球肾炎	肝硬变	长期饥饿	激素使用过多	妊娠后期或妊娠中毒症

10.腹水

腹腔内积存大量浆液性液体叫腹水，它是多种疾病的一个共同症状。腹水有两种途径进入腹腔：一是炎性渗出，如腹膜炎或出血性败血病；另一是漏出液，如贫血性病或稀血性病。

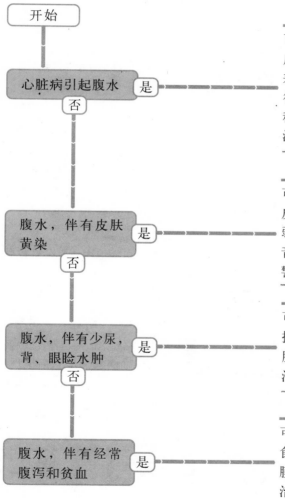

可能原因：心力衰竭严重影响血液循环，形成腹腔静脉长期瘀血，大量水渗入腹腔。表现为心脏听诊区扩大，心跳快而无力，行走困难，尤其上坡时最明显，腹下部对称增大。

治疗措施：强心利尿。

可能原因：肝脏疾病，如肝硬化。表现为皮薄毛稀处发黄，可视黏膜黄染，严重瘦弱无力，双侧腹部对称性扩大，有水平浊音。

警示：无治愈希望。

可能原因：肾炎或肾病。表现为腰部痛感，排尿减少或无尿，后腿水肿明显，尾根水肿。

治疗措施：消炎利尿。

可能原因：肝片吸虫性寄生虫病。表现为食欲尚好，日渐消瘦，经常腹泻，可视黏膜苍白或黄染，颌下水肿。

治疗措施：驱除肝片吸虫。

11.被毛脱落

羊的被毛变化，可直接反映健康状况。健康羊的被毛应该是清洁有光泽、流向一致、不易脱落；反之，被毛逆立蓬松、无光泽、毛质差、易脱落，均为病态。羊换毛有一定规律，每年秋季长出柔软而长的保暖冬毛，到来年开春由头部开始脱去冬毛，长出短而稀疏的夏毛。应该脱毛时，延迟脱毛，即为病态。

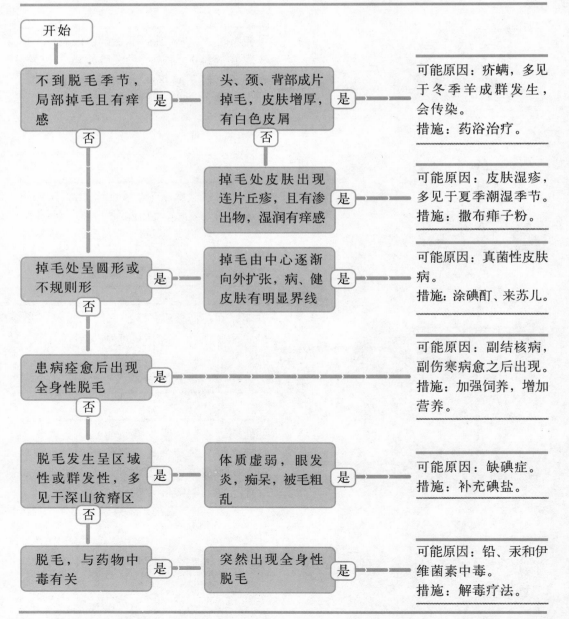

开始

不到脱毛季节，局部掉毛且有痒感 —是→ 头、颈、背部成片掉毛，皮肤增厚，有白色皮屑 —是→ 可能原因：疥螨，多见于冬季羊成群发生，会传染。
措施：药浴治疗。

否 / 否

掉毛处皮肤出现连片丘疹，且有渗出物，湿润有痒感 —是→ 可能原因：皮肤湿疹，多见于夏季潮湿季节。
措施：撒布痱子粉。

掉毛处呈圆形或不规则形 —是→ 掉毛由中心逐渐向外扩张，病、健皮肤有明显界线 —是→ 可能原因：真菌性皮肤病。
措施：涂碘酊、来苏儿。

否

患病痊愈后出现全身性脱毛 —是→ 可能原因：副结核病，副伤寒病愈之后出现。
措施：加强饲养，增加营养。

否

脱毛发生呈区域性或群发性，多见于深山贫瘠区 —是→ 体质虚弱，眼发炎，痴呆，被毛粗乱 —是→ 可能原因：缺碘症。
措施：补充碘盐。

否

脱毛，与药物中毒有关 —是→ 突然出现全身性脱毛 —是→ 可能原因：铅、汞和伊维菌素中毒。
措施：解毒疗法。

12.发热

羊的体温升高叫发热，引起发热的主要原因是病原体感染。发热是机体同病原微生物做斗争的一种防御性反应，因高温（40℃以上）对病原微生物生长繁殖不利。但是长时间高温反而会降低机体的抗病能力，所以要正确掌握，及时适当地给予退热药物也是十分必要的。

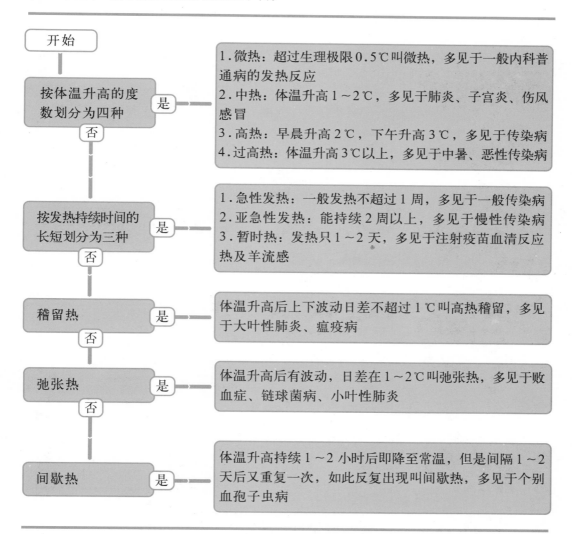

```
开始
  │
  ↓
按体温升高的度    —是→   1.微热：超过生理极限0.5℃叫微热，多见于一般内科普
数划分为四种              通病的发热反应
  │否                    2.中热：体温升高1～2℃，多见于肺炎、子宫炎、伤风
  ↓                      感冒
                        3.高热：早晨升高2℃，下午升高3℃，多见于传染病
                        4.过高热：体温升高3℃以上，多见于中暑、恶性传染病

按发热持续时间的   —是→   1.急性发热：一般发热不超过1周，多见于一般传染病
长短划分为三种            2.亚急性发热：能持续2周以上，多见于慢性传染病
  │否                    3.暂时热：发热只1～2天，多见于注射疫苗血清反应
  ↓                      热及羊流感

稽留热           —是→   体温升高后上下波动日差不超过1℃叫高热稽留，多见
  │否                   于大叶性肺炎、瘟疫病
  ↓

弛张热           —是→   体温升高后有波动，日差在1～2℃叫弛张热，多见于败
  │否                   血症、链球菌病、小叶性肺炎
  ↓

间歇热           —是→   体温升高持续1～2小时后即降至常温，但是间隔1～2
                        天后又重复一次，如此反复出现叫间歇热，多见于个别
                        血孢子虫病
```

提示 发热，尤其持续性高热，直接影响物质代谢，神经、呼吸、消化、血液循环等系统发生不同程度的障碍，表现鼻子干燥、皮温不整、全身寒战、精神沉郁、食欲不振、被毛逆立、呼吸、心跳加快，大便干、尿少而黄等症状变化。

17

13.寒战

寒战是机体局部或全身皮肤哆嗦的一种表现，是由于羊的中枢神经受到刺激后，引起的一种不随意震颤。发生的原因很多，有来自本身的病理反应，如高热、内脏损伤、剧烈疼痛，也有来自外因如寒冷、惊恐，奶山羊最多发生，普通山羊很少见到。

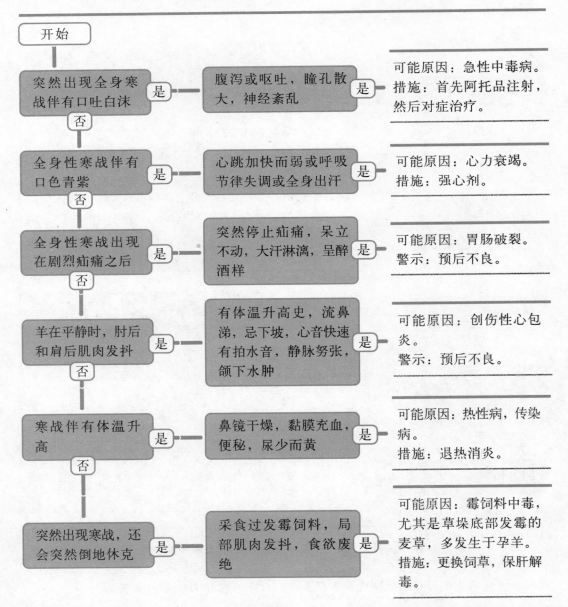

14.休克

休克是由于机体承受不了超限性强烈刺激，而引起暂时性、可逆性、保护性抑制。其机制是心血管系统突变，血压下降，出现极度贫血，中枢神经出现暂时高度抑制的病理现象。

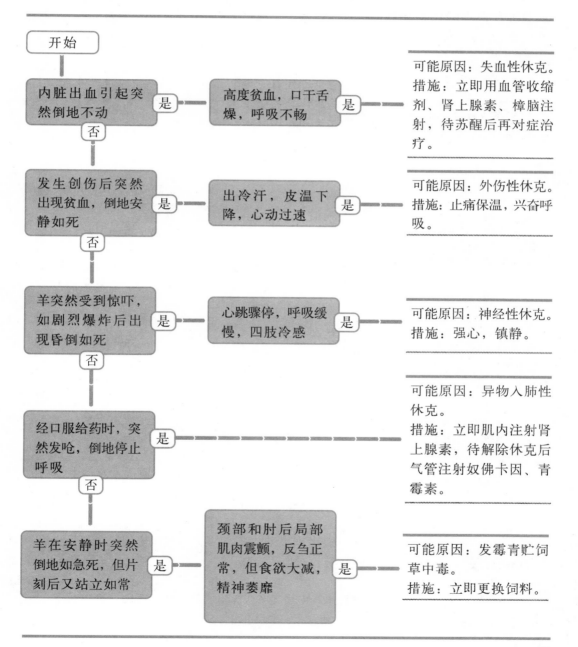

15. 口色

口腔黏膜的颜色变化,对疾病诊断和区分疾病的严重程度有重要参考价值。中兽医把口色视为定症的依据,有四季口色的鉴别方法。因为口腔黏膜的毛细血管分布密集且浅表,能充分显示出血液循环及新陈代谢的状况。眼、鼻黏膜也和口腔黏膜一样,统称可视黏膜,生理的可视黏膜颜色是粉红色,洁净有光泽。歌曰:春如桃花夏如莲,秋冬色重皆安然。

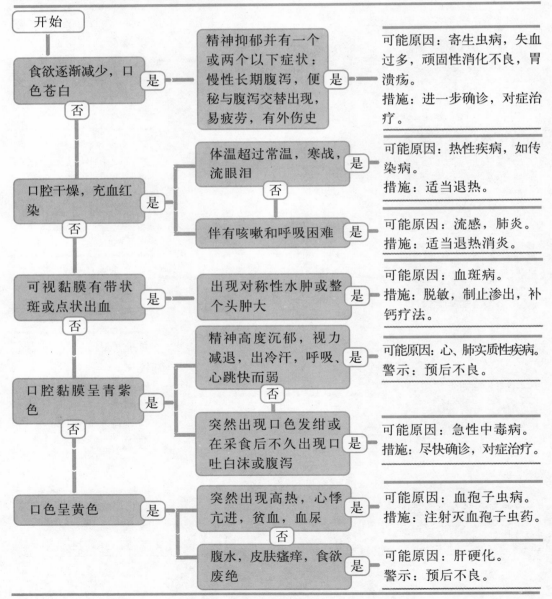

开始

食欲逐渐减少,口色苍白 —是→ 精神抑郁并有一个或两个以下症状:慢性长期腹泻,便秘与腹泻交替出现,易疲劳,有外伤史 —是→ 可能原因:寄生虫病,失血过多,顽固性消化不良,胃溃疡。
措施:进一步确诊,对症治疗。

否

口腔干燥,充血红染 —是→ 体温超过常温,寒战,流眼泪 —是→ 可能原因:热性疾病,如传染病。
措施:适当退热。

否

伴有咳嗽和呼吸困难 —是→ 可能原因:流感,肺炎。
措施:适当退热消炎。

否

可视黏膜有带状斑或点状出血 —是→ 出现对称性水肿或整个头肿大 —是→ 可能原因:血斑病。
措施:脱敏,制止渗出,补钙疗法。

否

口腔黏膜呈青紫色 —是→ 精神高度沉郁,视力减退,出冷汗,呼吸、心跳快而弱 —是→ 可能原因:心、肺实质性疾病。
警示:预后不良。

否

突然出现口色发绀或在采食后不久出现口吐白沫或腹泻 —是→ 可能原因:急性中毒病。
措施:尽快确诊,对症治疗。

口色呈黄色 —是→ 突然出现高热,心悸亢进,贫血,血尿 —是→ 可能原因:血孢子虫病。
措施:注射灭血孢子虫药。

否

腹水,皮肤瘙痒,食欲废绝 —是→ 可能原因:肝硬化。
警示:预后不良。

16.脉搏

脉搏是指羊体表动脉在心脏的直接作用下搏动的现象，可预知机体健康和疾病程度，甚至可判定预后。检查羊脉搏的位置在股动脉，正常羊每分钟脉搏的次数：山羊为60~75次，绵羊为65~80次。

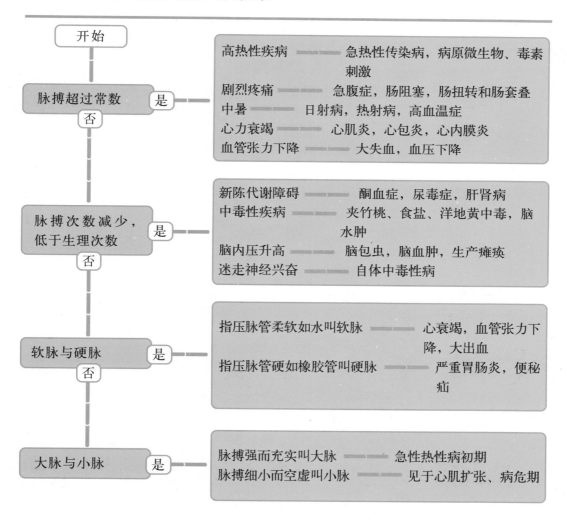

开始

脉搏超过常数 —— 是

- 高热性疾病 —— 急热性传染病，病原微生物、毒素刺激
- 剧烈疼痛 —— 急腹症，肠阻塞，肠扭转和肠套叠
- 中暑 —— 日射病，热射病，高血温症
- 心力衰竭 —— 心肌炎，心包炎，心内膜炎
- 血管张力下降 —— 大失血，血压下降

否

脉搏次数减少，低于生理次数 —— 是

- 新陈代谢障碍 —— 酮血症，尿毒症，肝肾病
- 中毒性疾病 —— 夹竹桃、食盐、洋地黄中毒，脑水肿
- 脑内压升高 —— 脑包虫，脑血肿，生产瘫痪
- 迷走神经兴奋 —— 自体中毒性病

否

软脉与硬脉 —— 是

- 指压脉管柔软如水叫软脉 —— 心衰竭，血管张力下降，大出血
- 指压脉管硬如橡胶管叫硬脉 —— 严重胃肠炎，便秘疝

否

大脉与小脉 —— 是

- 脉搏强而充实叫大脉 —— 急性热性病初期
- 脉搏细小而空虚叫小脉 —— 见于心肌扩张、病危期

17.黄疸

黄疸是多种疾病的一个共同症状。引起本病的原因主要是血液中胆红素增高，多因红细胞破坏过多以及肝细胞变性，症状表现是皮肤和诸黏膜呈黄色变化，同时粪便颜色也会变淡呈灰白色。

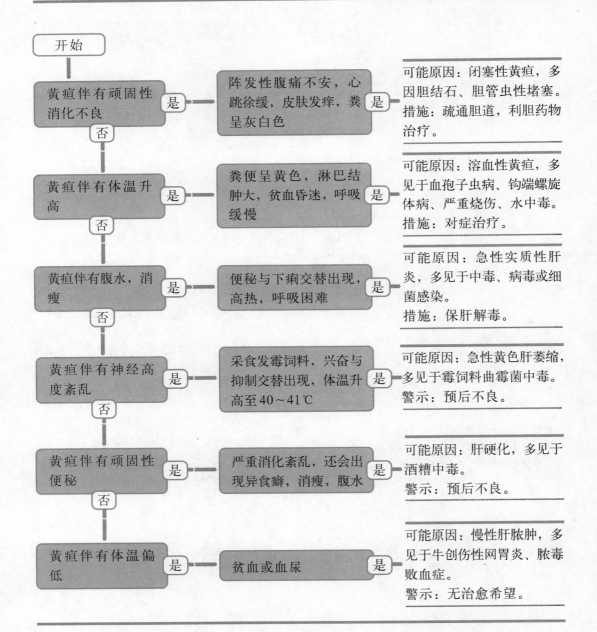

开始

黄疸伴有顽固性消化不良 — 是 → 阵发性腹痛不安，心跳徐缓，皮肤发痒，粪呈灰白色 — 是 → 可能原因：闭塞性黄疸，多因胆结石、胆管虫性堵塞。措施：疏通胆道，利胆药物治疗。

否

黄疸伴有体温升高 — 是 → 粪便呈黄色，淋巴结肿大，贫血昏迷，呼吸缓慢 — 是 → 可能原因：溶血性黄疸，多见于血孢子虫病、钩端螺旋体病、严重烧伤、水中毒。措施：对症治疗。

否

黄疸伴有腹水，消瘦 — 是 → 便秘与下痢交替出现，高热，呼吸困难 — 是 → 可能原因：急性实质性肝炎，多见于中毒、病毒或细菌感染。措施：保肝解毒。

否

黄疸伴有神经高度紊乱 — 是 → 采食发霉饲料，兴奋与抑制交替出现，体温升高至40～41℃ — 是 → 可能原因：急性黄色肝萎缩，多见于霉饲料曲霉菌中毒。警示：预后不良。

否

黄疸伴有顽固性便秘 — 是 → 严重消化紊乱，还会出现异食癖，消瘦，腹水 — 是 → 可能原因：肝硬化，多见于酒糟中毒。警示：预后不良。

否

黄疸伴有体温偏低 — 是 → 贫血或血尿 — 是 → 可能原因：慢性肝脓肿，多见于牛创伤性网胃炎、脓毒败血症。警示：无治愈希望。

18. 黄疸鉴别诊断表

项目 / 黄疸种类	常见疾病	黄疸	腹痛	尿中胆红素和尿胆素	粪	尿	消瘦	脾肿大	瘙痒	腹水	肝肿大
溶血性黄疸	红细胞破坏过多，血孢子虫，水中毒，钩端螺旋体，新生幼畜溶血病，甜菜、洋葱中毒	病初黄疸轻，以后逐渐加重	无	胆红素阴性，尿胆素增加	粪色正常	血尿	无变化	有	无	无	无
肝细胞性黄疸	肝脏细胞受损坏，肝功能减弱，如肝炎、肝硬化、肝脓肿、肝癌，沙门杆菌、肺炎双球菌感染	呈橘黄色	无	胆红素阳性，尿胆素增多	浓黄，有时灰白色	黄色或深黄色	消瘦	有	有	有	有肿大
阻塞性黄疸	胆结石，胆道阻塞，胆道蛔虫，胆道疾管	暗黄色或深绿色，短期有波动性	持续性腹痛	胆红素阳性，尿胆素消失	灰白色	无变化	不明显	无	有	无	不明显

19.流涎

正常羊一般口腔湿润，无过多口水。在病态时，如中毒和食道阻塞时会出现大量流口水，唾液沿嘴角和下唇不停地流出口外，并且有时呈连珠丝状滴拉拖曳于地面，这时唇周围异常水湿，甚至将被毛连接成块。

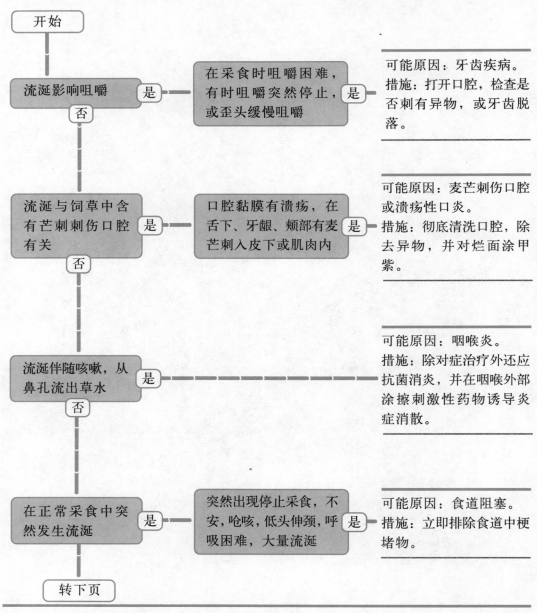

开始

流涎影响咀嚼 —是→ 在采食时咀嚼困难，有时咀嚼突然停止，或歪头缓慢咀嚼 —是→ 可能原因：牙齿疾病。
措施：打开口腔，检查是否刺有异物，或牙齿脱落。

否↓

流涎与饲草中含有芒刺刺伤口腔有关 —是→ 口腔黏膜有溃疡，在舌下、牙龈、颊部有麦芒刺入皮下或肌肉内 —是→ 可能原因：麦芒刺伤口腔或溃疡性口炎。
措施：彻底清洗口腔，除去异物，并对烂面涂甲紫。

否↓

流涎伴随咳嗽，从鼻孔流出草水 —是→ 可能原因：咽喉炎。
措施：除对症治疗外还应抗菌消炎，并在咽喉外部涂擦刺激性药物诱导炎症消散。

否↓

在正常采食中突然发生流涎 —是→ 突然出现停止采食，不安，呛咳，低头伸颈，呼吸困难，大量流涎 —是→ 可能原因：食道阻塞。
措施：立即排除食道中梗堵物。

↓

转下页

24

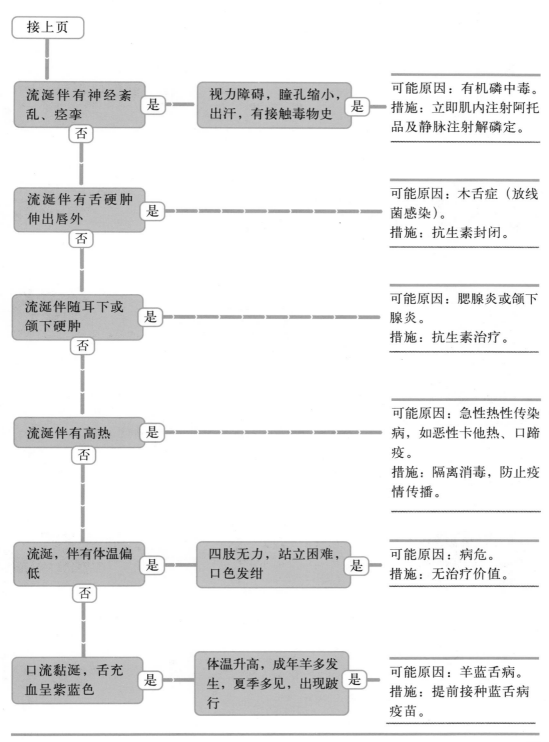

接上页

流涎伴有神经紊乱、痉挛 —是— 视力障碍，瞳孔缩小，出汗，有接触毒物史 —是— 可能原因：有机磷中毒。
措施：立即肌内注射阿托品及静脉注射解磷定。

否

流涎伴有舌硬肿伸出唇外 —是— 可能原因：木舌症（放线菌感染）。
措施：抗生素封闭。

否

流涎伴随耳下或颌下硬肿 —是— 可能原因：腮腺炎或颌下腺炎。
措施：抗生素治疗。

否

流涎伴有高热 —是— 可能原因：急性热性传染病，如恶性卡他热、口蹄疫。
措施：隔离消毒，防止疫情传播。

否

流涎，伴有体温偏低 —是— 四肢无力，站立困难，口色发绀 —是— 可能原因：病危。
措施：无治疗价值。

否

口流黏涎，舌充血呈紫蓝色 —是— 体温升高，成年羊多发生，夏季多见，出现跛行 —是— 可能原因：羊蓝舌病。
措施：提前接种蓝舌病疫苗。

20.臌气

当羊采食易发酵的饲草饲料，尤其豆科青绿植物后，引起胃肠内环境改变，有利于产气杆菌大量繁殖，产生大量气体，积滞在胃肠中排不出体外，使肠管麻痹，腹部急剧增大。也有因胃肠局部堵塞致排气受阻，而引起臌气。不管是何种原因引起的臌气，对待本病均应该早诊断、早治疗，方能奏效。

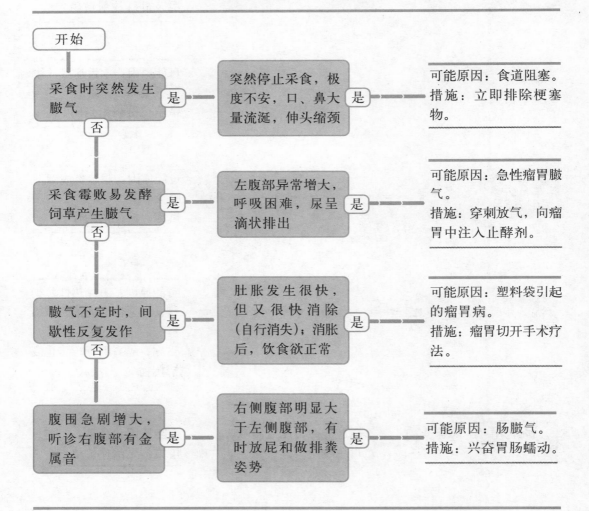

提示　臌气病属急腹症，若诊疗不及时会引起窒息而危及生命，除了及时查清病因外，还必须采取应急措施：首先用套管针放出部分积气，然后内服防腐止酵剂。

21.腹泻

腹泻是多种消化道病的一种共同症状。在病因的作用下，胃肠功能紊乱，消化能力下降，胃肠黏膜充血发炎，渗出增多，肠管蠕动亢进，甚至出现痉挛、腹痛、腹泻、便血，严重时出现脱水和酸中毒。

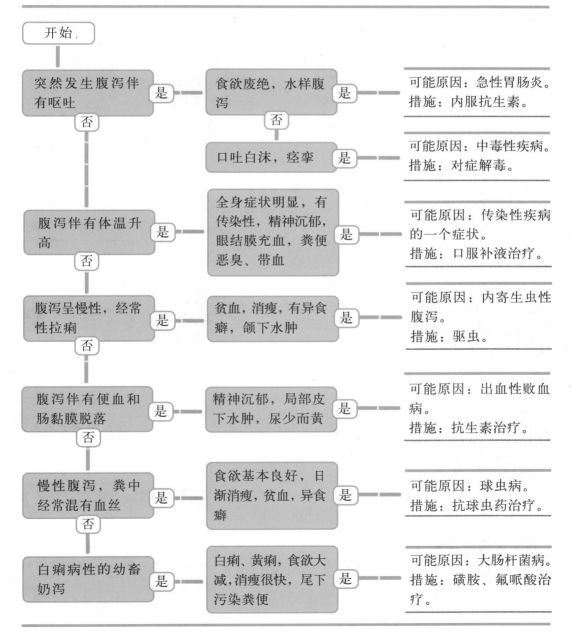

开始

突然发生腹泻伴有呕吐 —是→ 食欲废绝，水样腹泻 —是→ 可能原因：急性胃肠炎。措施：内服抗生素。

否

口吐白沫，痉挛 —是→ 可能原因：中毒性疾病。措施：对症解毒。

腹泻伴有体温升高 —是→ 全身症状明显，有传染性，精神沉郁，眼结膜充血，粪便恶臭、带血 —是→ 可能原因：传染性疾病的一个症状。措施：口服补液治疗。

否

腹泻呈慢性，经常性拉稀 —是→ 贫血，消瘦，有异食癖，颌下水肿 —是→ 可能原因：内寄生虫性腹泻。措施：驱虫。

否

腹泻伴有便血和肠黏膜脱落 —是→ 精神沉郁，局部皮下水肿，尿少而黄 —是→ 可能原因：出血性败血病。措施：抗生素治疗。

否

慢性腹泻，粪中经常混有血丝 —是→ 食欲基本良好，日渐消瘦，贫血，异食癖 —是→ 可能原因：球虫病。措施：抗球虫药治疗。

否

白痢病性的幼畜奶泻 —是→ 白痢、黄痢，食欲大减，消瘦很快，尾下污染粪便 —是→ 可能原因：大肠杆菌病。措施：磺胺、氟哌酸治疗。

22.便血

便血是指排粪时随粪便带出的血，血有时混在粪便中，有时附着在粪便表层，拉稀时呈西红柿水样。多见于出血性肠炎、寄生虫病、出血性败血病，也有直肠和肛门损伤等。

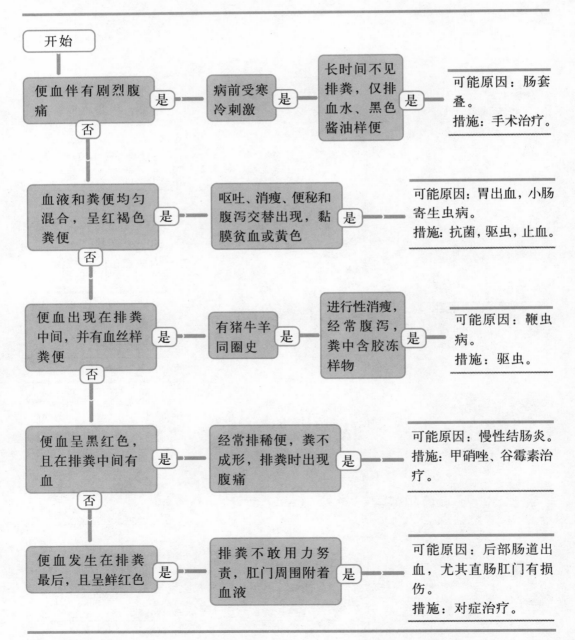

23.肠道疾病病理演化

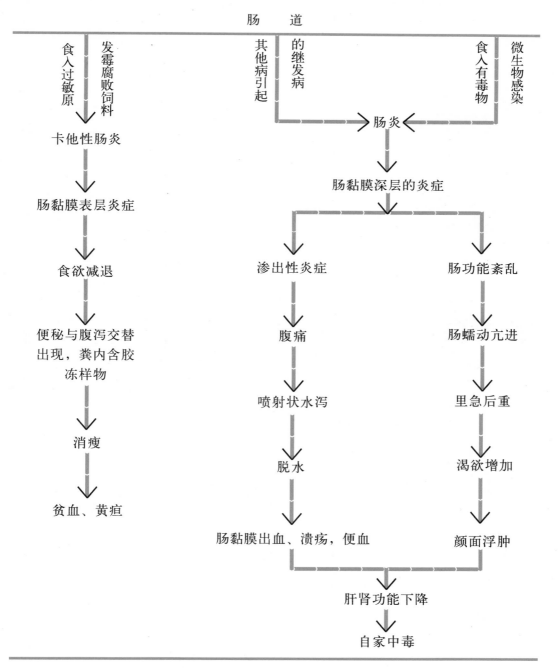

肠　　　道

食入过敏原　发霉腐败饲料　　其他病引起　的继发病　　　食入有毒物　微生物感染

肠炎

卡他性肠炎　　　　　　　　　　　肠黏膜深层的炎症

肠黏膜表层炎症

食欲减退　　　　　渗出性炎症　　　　　肠功能紊乱

便秘与腹泻交替出现，粪内含胶冻样物　　　腹痛　　　　肠蠕动亢进

消瘦　　　　　喷射状水泻　　　　里急后重

贫血、黄疸　　　脱水　　　　　渴欲增加

肠黏膜出血、溃疡，便血　　　颜面浮肿

肝肾功能下降

自家中毒

24.血尿

尿的颜色因家畜不同，其颜色和透明度各异，绵羊稍带黄色，山羊呈白色透明如水样。尿中含有血液时，因含血量多少呈淡红、暗红或棕红色而不透明，静置后上部清亮，底部有红色沉渣。尿中含血红蛋白时，尿呈鲜红色，清晰或半透明。

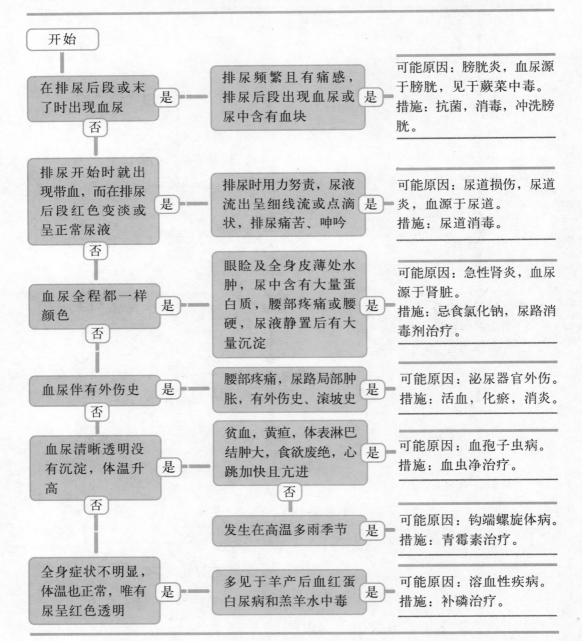

开始

在排尿后段或末了时出现血尿　【是】→　排尿频繁且有痛感，排尿后段出现血尿或尿中含有血块　【是】→　可能原因：膀胱炎，血尿源于膀胱，见于蕨菜中毒。措施：抗菌，消毒，冲洗膀胱。

【否】

排尿开始时就出现带血，而在排尿后段红色变淡或呈正常尿液　【是】→　排尿时用力努责，尿液流出呈细线流或点滴状，排尿痛苦、呻吟　【是】→　可能原因：尿道损伤，尿道炎，血源于尿道。措施：尿道消毒。

【否】

血尿全程都一样颜色　【是】→　眼睑及全身皮薄处水肿，尿中含有大量蛋白质，腰部疼痛或腰硬，尿液静置后有大量沉淀　【是】→　可能原因：急性肾炎，血尿源于肾脏。措施：忌食氯化钠，尿路消毒剂治疗。

【否】

血尿伴有外伤史　【是】→　腰部疼痛，尿路局部肿胀，有外伤史、滚坡史　【是】→　可能原因：泌尿器官外伤。措施：活血，化瘀，消炎。

【否】

血尿清晰透明没有沉淀，体温升高　【是】→　贫血，黄疸，体表淋巴结肿大，食欲废绝，心跳加快且亢进　【是】→　可能原因：血孢子虫病。措施：血虫净治疗。

【否】

发生在高温多雨季节　【是】→　可能原因：钩端螺旋体病。措施：青霉素治疗。

全身症状不明显，体温也正常，唯有尿呈红色透明　【是】→　多见于羊产后血红蛋白尿病和羔羊水中毒　【是】→　可能原因：溶血性疾病。措施：补磷治疗。

25. 繁殖障碍病分类表

类别		病名	病因	症状	措施
器质性		子宫炎	助产时消毒不严胎衣滞留在子宫内继发于某些传染病	经常从阴道流出分泌物，久配不孕	0.5%来苏儿冲洗子宫，并在子宫内注入抗生素
		病原菌感染	衣原体病狐菌病阴道滴虫	经常从阴道流出浆液性污秽分泌物，配种后阴道流血	向子宫内灌注1%硫酸铜，10%磺胺嘧啶
		卵巢病	永久黄体卵巢囊肿	久不发情性欲亢进	三合激素疗法黄体酮＋乙底酚治疗
营养性		过于肥胖	输卵管狭窄	发情正常，但久配不孕	限制精料，增饲干草
		极度瘦弱	营养不良	久不发情	增加蛋白质饲料，补饲维生素和微量元素
		缺乏生育醇	饲料单一，缺乏青绿多汁饲料	性欲下降	增加青绿饲料，补饲维生素E
种公羊		精液品质不良	营养不足	睾丸萎缩	增加营养，补饲鸡蛋
		疲劳过度	一天配种次数过多	睾丸肿大	限制配种次数

26.咳嗽

咳嗽是机体一种保护性反应,通过咳嗽可将呼吸道的异物清除到体外。咳嗽的形成主要是由于呼吸道黏膜受到异物(痰液)刺激后传入中枢,首先引起深吸气,然后关闭声门,经肺猛烈收缩,冲开声门,即形成咳嗽。

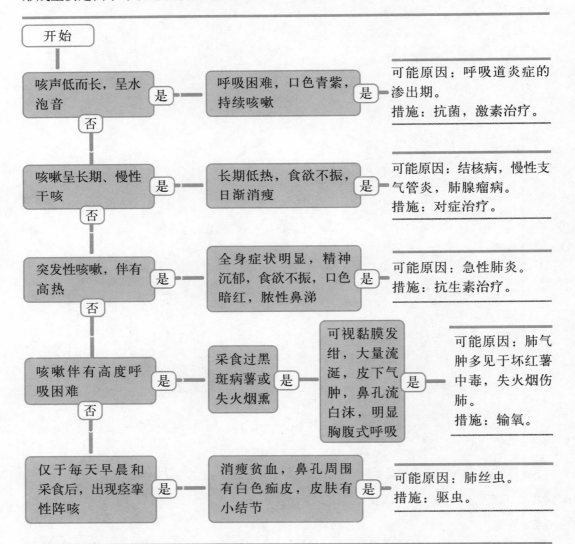

提示 干咳是由于呼吸道发炎初期黏膜肿胀,敏感增高而分泌物少形成的,其特征是声大而粗。属呼吸道炎症初期症状,可给予清热治疗,抗过敏治疗也可选用。

土单法 卜子30克,鸡蛋2个,一次灌服。

27. 鼻涕

从鼻腔排出的分泌物叫鼻涕。这些分泌物有的来自鼻和副鼻窦，有的来自上呼吸道和肺部。因此，根据鼻液的颜色、黏稠度、一侧性和双侧性，来判断发病的部位和病性，是诊断呼吸系统疾病的参考依据。

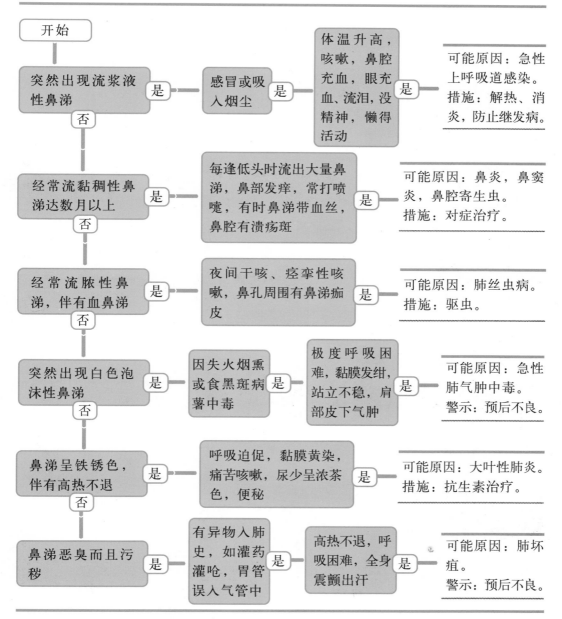

开始

突然出现流浆液性鼻涕 —是— 感冒或吸入烟尘 —是— 体温升高，咳嗽，鼻腔充血，眼充血、流泪，没精神，懒得活动 —是— 可能原因：急性上呼吸道感染。措施：解热、消炎，防止继发病。
否

经常流黏稠性鼻涕达数月以上 —是— 每逢低头时流出大量鼻涕，鼻部发痒，常打喷嚏，有时鼻涕带血丝，鼻腔有溃疡斑 —是— 可能原因：鼻炎，鼻窦炎，鼻腔寄生虫。措施：对症治疗。
否

经常流脓性鼻涕，伴有血鼻涕 —是— 夜间干咳、痉挛性咳嗽，鼻孔周围有鼻涕痂皮 —是— 可能原因：肺丝虫病。措施：驱虫。
否

突然出现白色泡沫性鼻涕 —是— 因失火烟熏或食黑斑病薯中毒 —是— 极度呼吸困难，黏膜发绀，站立不稳，肩部皮下气肿 —是— 可能原因：急性肺气肿中毒。警示：预后不良。
否

鼻涕呈铁锈色，伴有高热不退 —是— 呼吸迫促，黏膜黄染，痛苦咳嗽，尿少呈浓茶色，便秘 —是— 可能原因：大叶性肺炎。措施：抗生素治疗。
否

鼻涕恶臭而且污秽 —是— 有异物入肺史，如灌药灌呛，胃管误入气管中 —是— 高热不退，呼吸困难，全身震颤出汗 —是— 可能原因：肺坏疽。警示：预后不良。

28.鼻孔不通

鼻腔是呼吸道的门户，起调控空气温度、滤清空气、防止异物进入肺部的作用，保证进入肺内的空气温暖、干净，以利机体的气体交换。但是因为物理或化学因素以及寄生虫、病原微生物的作用，往往引起鼻腔变狭窄，甚至堵塞不通，直接影响呼吸而成病态。

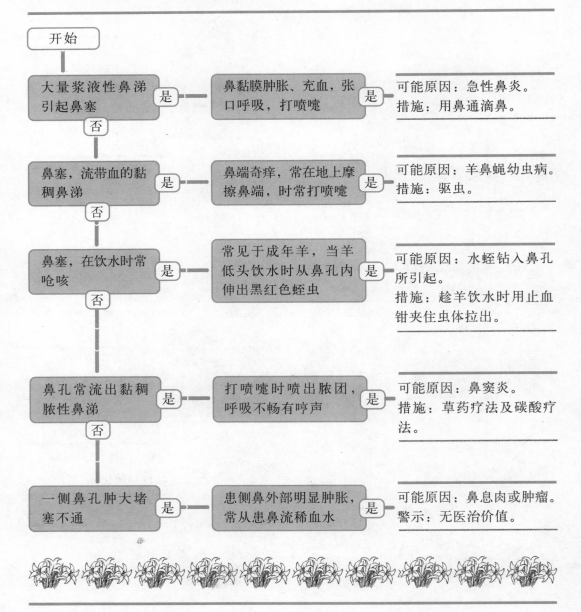

开始

大量浆液性鼻涕引起鼻塞 —— 是 —— 鼻黏膜肿胀、充血，张口呼吸，打喷嚏 —— 是 —— 可能原因：急性鼻炎。措施：用鼻通滴鼻。

否

鼻塞，流带血的黏稠鼻涕 —— 是 —— 鼻端奇痒，常在地上摩擦鼻端，时常打喷嚏 —— 是 —— 可能原因：羊鼻蝇幼虫病。措施：驱虫。

否

鼻塞，在饮水时常呛咳 —— 是 —— 常见于成年羊，当羊低头饮水时从鼻孔内伸出黑红色蛭虫 —— 是 —— 可能原因：水蛭钻入鼻孔所引起。措施：趁羊饮水时用止血钳夹住虫体拉出。

否

鼻孔常流出黏稠脓性鼻涕 —— 是 —— 打喷嚏时喷出脓团，呼吸不畅有哼声 —— 是 —— 可能原因：鼻窦炎。措施：草药疗法及碳酸疗法。

否

一侧鼻孔肿大堵塞不通 —— 是 —— 患侧鼻外部明显肿胀，常从患鼻流稀血水 —— 是 —— 可能原因：鼻息肉或肿瘤。警示：无医治价值。

29.鼻出血

从鼻孔内流出血液叫鼻出血。引起鼻出血的原因很多,主要有营养性、过劳性,血压升高也能引起本病发生。另外,鼻内寄生虫、肺和胃出血,也会从鼻孔排出。

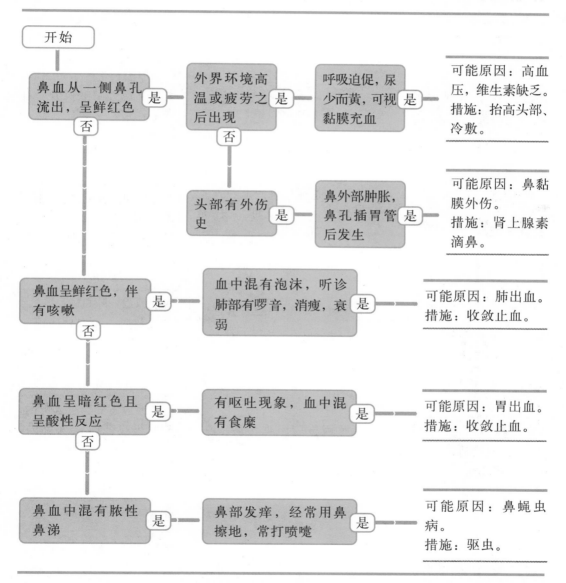

提示 若是鼻甲骨外伤流血量大时,应及时采取应急措施,如用副肾上腺素注射液浸湿的药棉填塞鼻孔可达到控制继续出血的效果。

30.呼吸困难

呼吸困难是机体氧代谢障碍的一种表现，即组织间所需氧得不到，而体内有害气体又不能及时由肺排出，这时呼吸加快，张口伸舌，鼻翼扇动，胸腹壁猛烈收缩，甚至呈犬坐姿势，目的是为了缓解呼吸难度。

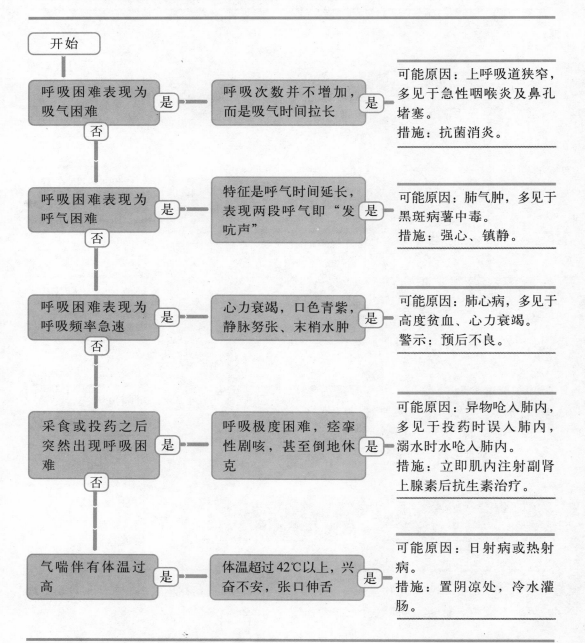

开始

呼吸困难表现为吸气困难 ——是—— 呼吸次数并不增加，而是吸气时间拉长 ——是—— 可能原因：上呼吸道狭窄，多见于急性咽喉炎及鼻孔堵塞。
措施：抗菌消炎。

否

呼吸困难表现为呼气困难 ——是—— 特征是呼气时间延长，表现两段呼气即"发吭声" ——是—— 可能原因：肺气肿，多见于黑斑病薯中毒。
措施：强心、镇静。

否

呼吸困难表现为呼吸频率急速 ——是—— 心力衰竭，口色青紫，静脉努张、末梢水肿 ——是—— 可能原因：肺心病，多见于高度贫血、心力衰竭。
警示：预后不良。

否

采食或投药之后突然出现呼吸困难 ——是—— 呼吸极度困难，痉挛性剧咳，甚至倒地休克 ——是—— 可能原因：异物呛入肺内，多见于投药时误入肺内，溺水时水呛入肺内。
措施：立即肌内注射副肾上腺素后抗生素治疗。

否

气喘伴有体温过高 ——是—— 体温超过42℃以上，兴奋不安，张口伸舌 ——是—— 可能原因：日射病或热射病。
措施：置阴凉处，冷水灌肠。

31. 痉挛

局部肌肉不随意地强直收缩、震颤，是由于大脑皮质兴奋的结果。叫作痉挛。这种现象是常见的病理现象，

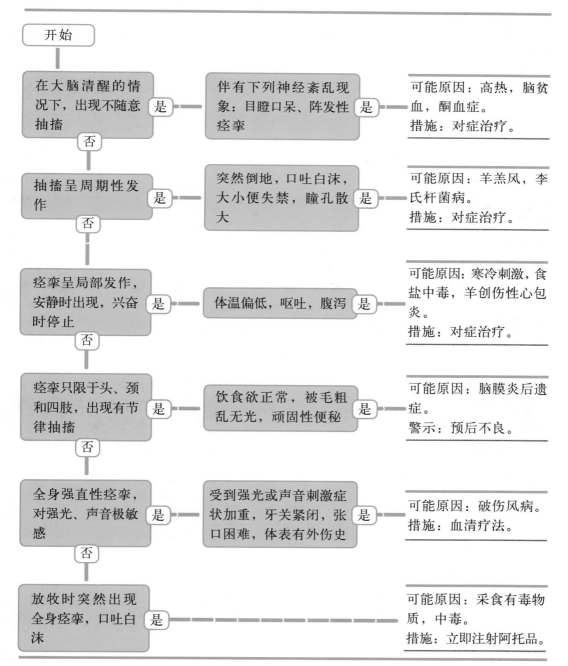

开始

在大脑清醒的情况下，出现不随意抽搐 —是→ 伴有下列神经紊乱现象：目瞪口呆、阵发性痉挛 —是→ 可能原因：高热，脑贫血，酮血症。
措施：对症治疗。

否↓

抽搐呈周期性发作 —是→ 突然倒地，口吐白沫，大小便失禁，瞳孔散大 —是→ 可能原因：羊羔风，李氏杆菌病。
措施：对症治疗。

否↓

痉挛呈局部发作，安静时出现，兴奋时停止 —是→ 体温偏低，呕吐，腹泻 —是→ 可能原因：寒冷刺激，食盐中毒，羊创伤性心包炎。
措施：对症治疗。

否↓

痉挛只限于头、颈和四肢，出现有节律抽搐 —是→ 饮食欲正常，被毛粗乱无光，顽固性便秘 —是→ 可能原因：脑膜炎后遗症。
警示：预后不良。

否↓

全身强直性痉挛，对强光、声音极敏感 —是→ 受到强光或声音刺激症状加重，牙关紧闭，张口困难，体表有外伤史 —是→ 可能原因：破伤风病。
措施：血清疗法。

否↓

放牧时突然出现全身痉挛，口吐白沫 —是→ 可能原因：采食有毒物质，中毒。
措施：立即注射阿托品。

32.瘙痒

畜体局部或全身出现痒感，常在木桩、墙角摩擦，也有用嘴啃或后肢蹭发痒处。引起皮肤痒感的原因很多，主要有：湿疹、疥螨、皮肤寄生虫、过敏性皮炎，也继发于肝、肾性疾病。

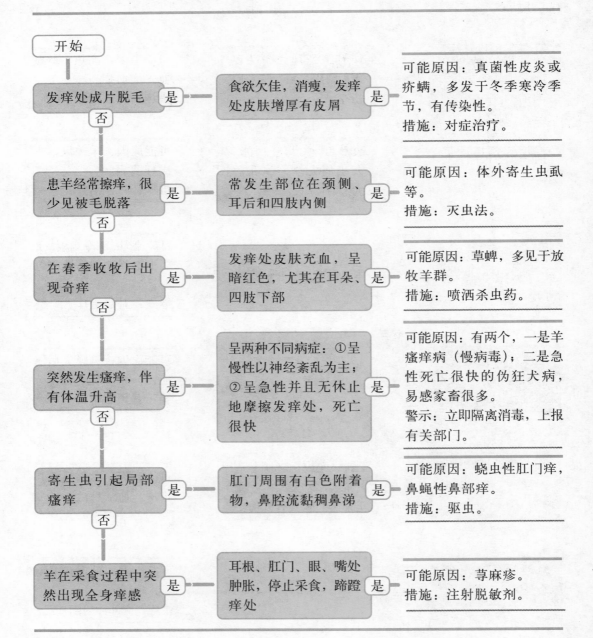

开始

发痒处成片脱毛 —是→ 食欲欠佳，消瘦，发痒处皮肤增厚有皮屑 —是→ 可能原因：真菌性皮炎或疥螨，多发于冬季寒冷季节，有传染性。
措施：对症治疗。

否↓

患羊经常擦痒，很少见被毛脱落 —是→ 常发生部位在颈侧、耳后和四肢内侧 —是→ 可能原因：体外寄生虫虱等。
措施：灭虫法。

否↓

在春季收牧后出现奇痒 —是→ 发痒处皮肤充血，呈暗红色，尤其在耳朵、四肢下部 —是→ 可能原因：草蜱，多见于放牧羊群。
措施：喷洒杀虫药。

否↓

突然发生瘙痒，伴有体温升高 —是→ 呈两种不同病症：①呈慢性以神经紊乱为主；②呈急性并且无休止地摩擦发痒处，死亡很快 —是→ 可能原因：有两个，一是羊瘙痒病（慢病毒）；二是急性死亡很快的伪狂犬病，易感家畜很多。
警示：立即隔离消毒，上报有关部门。

否↓

寄生虫引起局部瘙痒 —是→ 肛门周围有白色附着物，鼻腔流黏稠鼻涕 —是→ 可能原因：蛲虫性肛门痒，鼻蝇性鼻部痒。
措施：驱虫。

否↓

羊在采食过程中突然出现全身痒感 —是→ 耳根、肛门、眼、嘴处肿胀，停止采食，蹄蹬痒处 —是→ 可能原因：荨麻疹。
措施：注射脱敏剂。

33.瘫痪

瘫痪是指机体神经紊乱、功能失调、丧失运动能力的疾病。有轻瘫，叫局部神经麻痹，多见于面神经、桡神经、坐骨神经麻痹。重度的瘫痪有偏瘫、截瘫和全身性瘫痪之分。

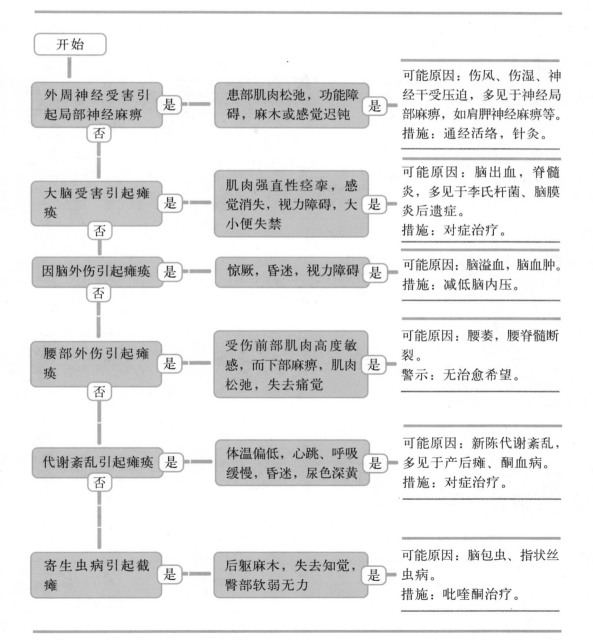

开始		
外周神经受害引起局部神经麻痹 **是**→	患部肌肉松弛，功能障碍，麻木或感觉迟钝 **是**→	可能原因：伤风、伤湿、神经干受压迫，多见于神经局部麻痹，如肩胛神经麻痹等。措施：通经活络，针灸。
否		
大脑受害引起瘫痪 **是**→	肌肉强直性痉挛，感觉消失，视力障碍，大小便失禁 **是**→	可能原因：脑出血，脊髓炎，多见于李氏杆菌、脑膜炎后遗症。措施：对症治疗。
否		
因脑外伤引起瘫痪 **是**→	惊厥，昏迷，视力障碍 **是**→	可能原因：脑溢血，脑血肿。措施：减低脑内压。
否		
腰部外伤引起瘫痪 **是**→	受伤前部肌肉高度敏感，而下部麻痹，肌肉松弛，失去痛觉 **是**→	可能原因：腰萎，腰脊髓断裂。警示：无治愈希望。
否		
代谢紊乱引起瘫痪 **是**→	体温偏低，心跳、呼吸缓慢，昏迷，尿色深黄 **是**→	可能原因：新陈代谢紊乱，多见于产后瘫、酮血病。措施：对症治疗。
否		
寄生虫病引起截瘫 **是**→	后躯麻木，失去知觉，臀部软弱无力 **是**→	可能原因：脑包虫、指状丝虫病。措施：吡喹酮治疗。

34.共济失调

共济失调是指羊在运动时，不能维持正常的身体平衡，出现不协调的运动。主要是由于中枢神经的实质器官受到侵害引起的病理现象。

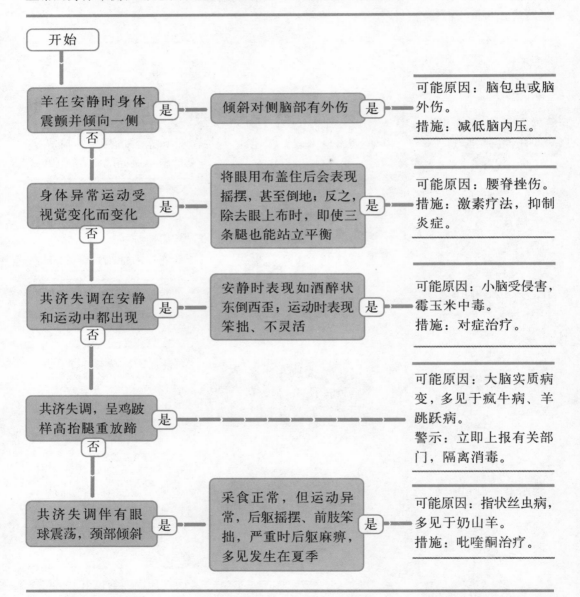

```
开始
  │
羊在安静时身体   ──是──→  倾斜对侧脑部有外伤  ──是──→  可能原因：脑包虫或脑
震颤并倾向一侧                                          外伤。
  │否                                                  措施：减低脑内压。
  │
身体异常运动受   ──是──→  将眼用布盖住后会表现   ──是──→  可能原因：腰脊挫伤。
视觉变化而变化            摇摆，甚至倒地；反之，          措施：激素疗法，抑制
  │否                    除去眼上布时，即使三            炎症。
  │                      条腿也能站立平衡
  │
共济失调在安静   ──是──→  安静时表现如酒醉状   ──是──→  可能原因：小脑受侵害，
和运动中都出现            东倒西歪；运动时表现            霉玉米中毒。
  │否                    笨拙、不灵活                    措施：对症治疗。
  │
  │
共济失调，呈鸡跛  ──是──────────────────────────→  可能原因：大脑实质病
样高抬腿重放蹄                                         变，多见于疯牛病、羊
  │否                                                  跳跃病。
  │                                                    警示：立即上报有关部
  │                                                    门，隔离消毒。
  │
共济失调伴有眼   ──是──→  采食正常，但运动异   ──是──→  可能原因：指状丝虫病，
球震荡，颈部倾斜          常，后躯摇摆、前肢笨           多见于奶山羊。
                         拙，严重时后躯麻痹，            措施：吡喹酮治疗。
                         多见发生在夏季
```

提示　指状丝虫多寄生于牛腹腔，但该虫卵被马、羊采食后，其幼虫会误入马、羊的脊髓管中寄生，引起马和羊的脑脊髓丝状虫病，表现为腰或后躯麻痹症。

35.行为异常

羊的行为异常是指精神状态、反应能力、饮食活动出现反常现象，如精神高度兴奋不可控制。与此相反，精神高度抑制呈昏迷状，主要是中枢神经实质性病变引起海绵脑、瘙痒病等。

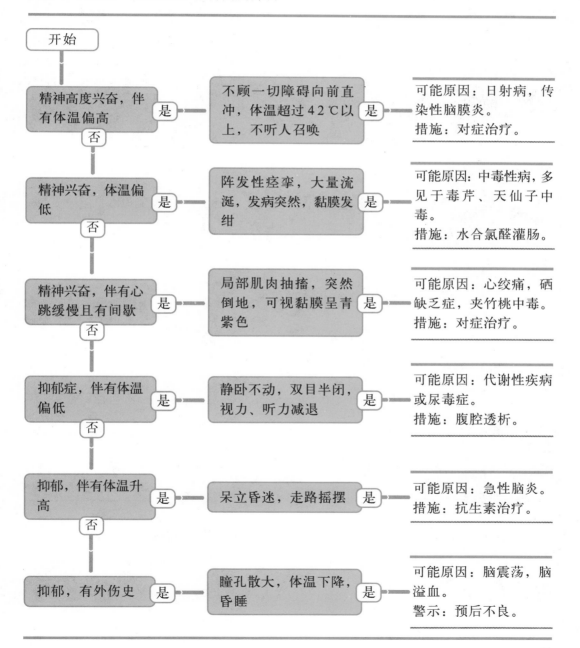

开始

精神高度兴奋，伴有体温偏高 —是→ 不顾一切障碍向前直冲，体温超过42℃以上，不听人召唤 —是→ 可能原因：日射病，传染性脑膜炎。
措施：对症治疗。

否

精神兴奋，体温偏低 —是→ 阵发性痉挛，大量流涎，发病突然，黏膜发绀 —是→ 可能原因：中毒性病，多见于毒芹、天仙子中毒。
措施：水合氯醛灌肠。

否

精神兴奋，伴有心跳缓慢且有间歇 —是→ 局部肌肉抽搐，突然倒地，可视黏膜呈青紫色 —是→ 可能原因：心绞痛，硒缺乏症，夹竹桃中毒。
措施：对症治疗。

否

抑郁症，伴有体温偏低 —是→ 静卧不动，双目半闭，视力、听力减退 —是→ 可能原因：代谢性疾病或尿毒症。
措施：腹腔透析。

否

抑郁，伴有体温升高 —是→ 呆立昏迷，走路摇摆 —是→ 可能原因：急性脑炎。
措施：抗生素治疗。

否

抑郁，有外伤史 —是→ 瞳孔散大，体温下降，昏睡 —是→ 可能原因：脑震荡，脑溢血。
警示：预后不良。

36.精神状态

衡量机体健康的主要标准，是看精神状态如何。健康羊应该是精神饱满，听人召唤，反应敏捷；而精神沉郁，垂头呆立，对周围事物漠不关心，反应迟钝，或精神高度兴奋，狂躁不安，意识障碍，幻觉震颤，惊恐，鸣叫，均为病态。

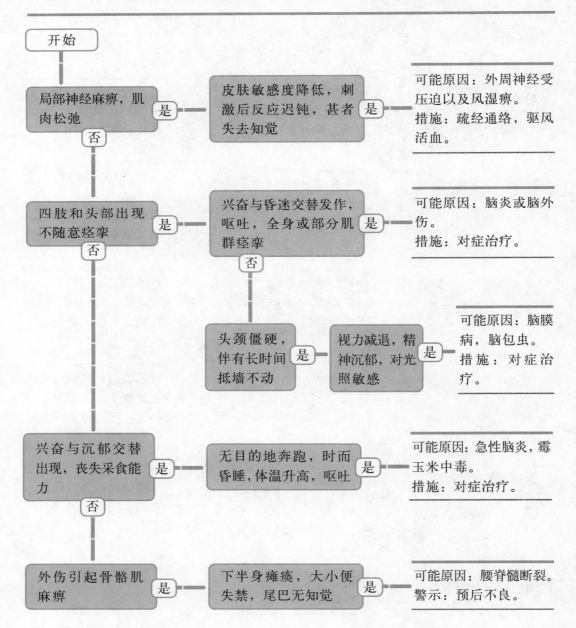

开始

局部神经麻痹，肌肉松弛 — 是 → 皮肤敏感度降低，刺激后反应迟钝，甚者失去知觉 — 是 → 可能原因：外周神经受压迫以及风湿痹。措施：疏经通络，驱风活血。

否

四肢和头部出现不随意痉挛 — 是 → 兴奋与昏迷交替发作，呕吐，全身或部分肌群痉挛 — 是 → 可能原因：脑炎或脑外伤。措施：对症治疗。

否

否

头颈僵硬，伴有长时间抵墙不动 — 是 → 视力减退，精神沉郁，对光照敏感 — 是 → 可能原因：脑膜病，脑包虫。措施：对症治疗。

兴奋与沉郁交替出现，丧失采食能力 — 是 → 无目的地奔跑，时而昏睡，体温升高，呕吐 — 是 → 可能原因：急性脑炎，霉玉米中毒。措施：对症治疗。

否

外伤引起骨骼肌麻痹 — 是 → 下半身瘫痪，大小便失禁，尾巴无知觉 — 是 → 可能原因：腰脊髓断裂。警示：预后不良。

37.血液疾病

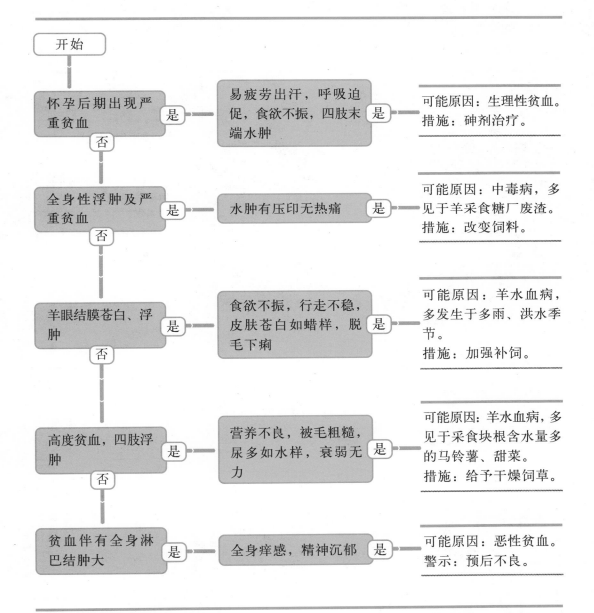

开始		
怀孕后期出现严重贫血 — **是** →	易疲劳出汗，呼吸迫促，食欲不振，四肢末端水肿 — **是** →	可能原因：生理性贫血。 措施：砷剂治疗。
否		
全身性浮肿及严重贫血 — **是** →	水肿有压印无热痛 — **是** →	可能原因：中毒病，多见于羊采食糖厂废渣。 措施：改变饲料。
否		
羊眼结膜苍白、浮肿 — **是** →	食欲不振，行走不稳，皮肤苍白如蜡样，脱毛下痢 — **是** →	可能原因：羊水血病，多发生于多雨、洪水季节。 措施：加强补饲。
否		
高度贫血，四肢浮肿 — **是** →	营养不良，被毛粗糙，尿多如水样，衰弱无力 — **是** →	可能原因：羊水血病，多见于采食块根含水量多的马铃薯、甜菜。 措施：给予干燥饲草。
否		
贫血伴有全身淋巴结肿大 — **是** →	全身痒感，精神沉郁 — **是** →	可能原因：恶性贫血。 警示：预后不良。

提示 水血病是血液中含水量过多，出现渗透压改变，引起组织间隙中水潴留发生浮肿。多见于采食大量多汁块根类饲料，如甜菜及糖厂渣类。

38.机体pH失衡

羊靠呼吸和肾脏调节血液中氢离子（pH）的浓度。正常血液保持pH值呈弱碱性（7.3～7.45），当羊患某些疾病时，这一平衡会遭到破坏引起血pH值偏低或偏高，必然出现酸或碱中毒发生。

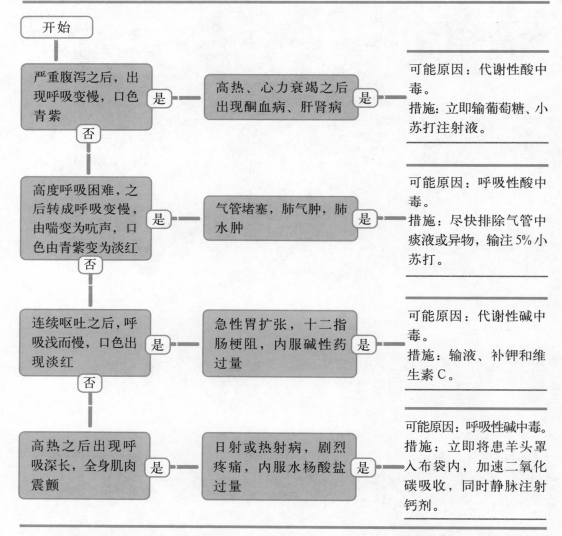

严重腹泻之后，出现呼吸变慢，口色青紫 —是— 高热、心力衰竭之后出现酮血病、肝肾病 —是— 可能原因：代谢性酸中毒。
措施：立即输葡萄糖、小苏打注射液。

否

高度呼吸困难，之后转成呼吸变慢，由喘变为吭声，口色由青紫变为淡红 —是— 气管堵塞，肺气肿，肺水肿 —是— 可能原因：呼吸性酸中毒。
措施：尽快排除气管中痰液或异物，输注5%小苏打。

否

连续呕吐之后，呼吸浅而慢，口色出现淡红 —是— 急性胃扩张，十二指肠梗阻，内服碱性药过量 —是— 可能原因：代谢性碱中毒。
措施：输液、补钾和维生素C。

否

高热之后出现呼吸深长，全身肌肉震颤 —是— 日射或热射病，剧烈疼痛，内服水杨酸盐过量 —是— 可能原因：呼吸性碱中毒。
措施：立即将患羊头罩入布袋内，加速二氧化碳吸收，同时静脉注射钙剂。

提示 在许多疾病的发展过程中，由于发热、缺氧、血液循环衰竭，使糖、脂肪、蛋白质分解加快，引起乳酸、酮体、氨基酸增多，并蓄积于体内，出现酸中毒。而碱中毒则是由于胃酸缺乏，或内服碱性药物过量引起。一般来说，水泻可引起酸中毒，呕吐则引起碱中毒。

39. 大量元素缺乏症

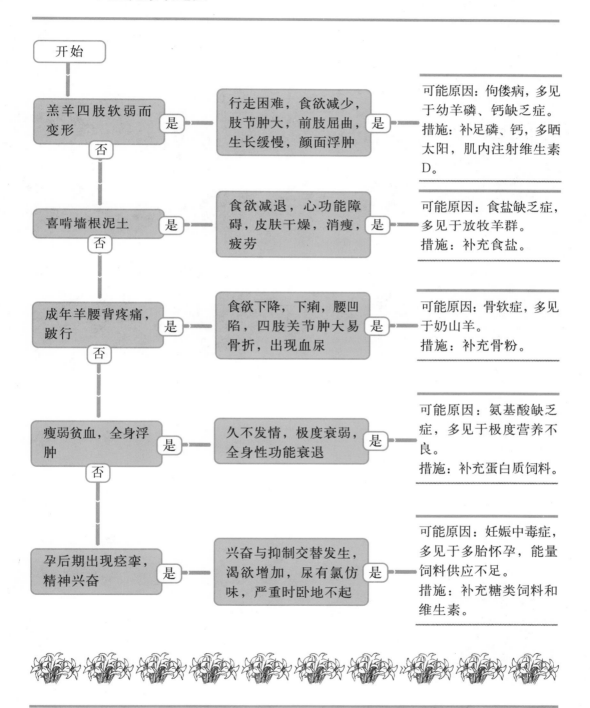

开始

羔羊四肢软弱而变形 —是→ 行走困难，食欲减少，肢节肿大，前肢屈曲，生长缓慢，颜面浮肿 —是→ 可能原因：佝偻病，多见于幼羊磷、钙缺乏症。
措施：补足磷、钙，多晒太阳，肌内注射维生素D。

否

喜啃墙根泥土 —是→ 食欲减退，心功能障碍，皮肤干燥，消瘦，疲劳 —是→ 可能原因：食盐缺乏症，多见于放牧羊群。
措施：补充食盐。

否

成年羊腰背疼痛，跛行 —是→ 食欲下降，下痢，腰凹陷，四肢关节肿大易骨折，出现血尿 —是→ 可能原因：骨软症，多见于奶山羊。
措施：补充骨粉。

否

瘦弱贫血，全身浮肿 —是→ 久不发情，极度衰弱，全身性功能衰退 —是→ 可能原因：氨基酸缺乏症，多见于极度营养不良。
措施：补充蛋白质饲料。

否

孕后期出现痉挛，精神兴奋 —是→ 兴奋与抑制交替发生，渴欲增加，尿有氯仿味，严重时卧地不起 —是→ 可能原因：妊娠中毒症，多见于多胎怀孕，能量饲料供应不足。
措施：补充糖类饲料和维生素。

40.微量元素缺乏与中毒

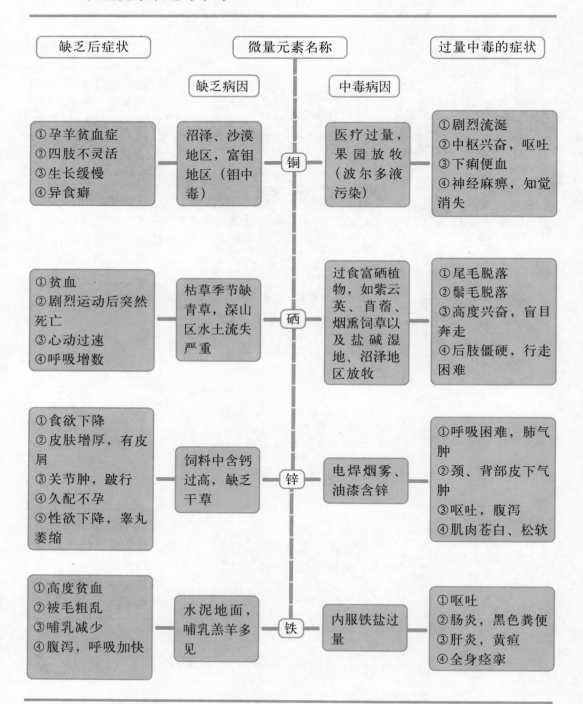

缺乏后症状	微量元素名称	过量中毒的症状
	缺乏病因 中毒病因	

①孕羊贫血症
②四肢不灵活
③生长缓慢
④异食癖

沼泽、沙漠地区，富钼地区（钼中毒）

铜

医疗过量，果园放牧（波尔多液污染）

①剧烈流涎
②中枢兴奋，呕吐
③下痢便血
④神经麻痹，知觉消失

①贫血
②剧烈运动后突然死亡
③心动过速
④呼吸增数

枯草季节缺青草，深山区水土流失严重

硒

过食富硒植物，如紫云英、苜蓿、烟熏饲草以及盐碱湿地、沼泽地区放牧

①尾毛脱落
②鬃毛脱落
③高度兴奋，盲目奔走
④后肢僵硬，行走困难

①食欲下降
②皮肤增厚，有皮屑
③关节肿，跛行
④久配不孕
⑤性欲下降，睾丸萎缩

饲料中含钙过高，缺乏干草

锌

电焊烟雾、油漆含锌

①呼吸困难，肺气肿
②颈、背部皮下气肿
③呕吐，腹泻
④肌肉苍白、松软

①高度贫血
②被毛粗乱
③哺乳减少
④腹泻，呼吸加快

水泥地面，哺乳羔羊多见

铁

内服铁盐过量

①呕吐
②肠炎，黑色粪便
③肝炎，黄疸
④全身痉挛

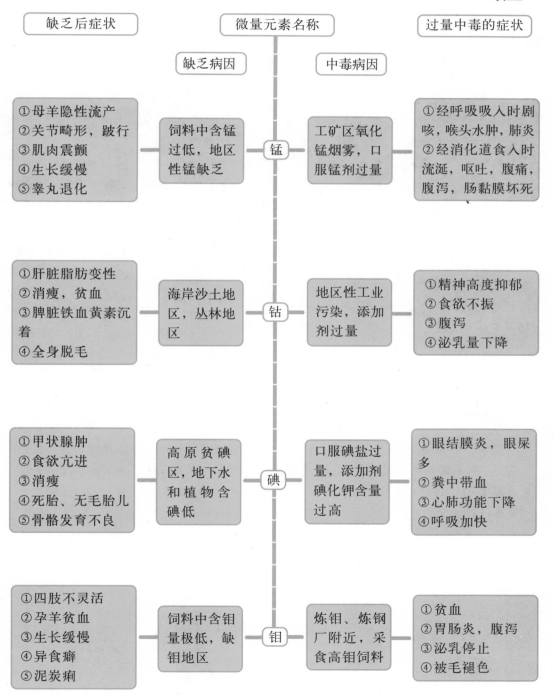

缺乏后症状	缺乏病因	微量元素名称	中毒病因	过量中毒的症状
①母羊隐性流产 ②关节畸形，跛行 ③肌肉震颤 ④生长缓慢 ⑤睾丸退化	饲料中含锰过低，地区性锰缺乏	锰	工矿区氧化锰烟雾，口服锰剂过量	①经呼吸吸入时剧咳，喉头水肿，肺炎 ②经消化道食入时流涎，呕吐，腹痛，腹泻，肠黏膜坏死
①肝脏脂肪变性 ②消瘦，贫血 ③脾脏铁血黄素沉着 ④全身脱毛	海岸沙土地区，丛林地区	钴	地区性工业污染，添加剂过量	①精神高度抑郁 ②食欲不振 ③腹泻 ④泌乳量下降
①甲状腺肿 ②食欲亢进 ③消瘦 ④死胎、无毛胎儿 ⑤骨骼发育不良	高原贫碘区，地下水和植物含碘低	碘	口服碘盐过量，添加剂碘化钾含量过高	①眼结膜炎，眼屎多 ②粪中带血 ③心肺功能下降 ④呼吸加快
①四肢不灵活 ②孕羊贫血 ③生长缓慢 ④异食癖 ⑤泥炭痢	饲料中含钼量极低，缺钼地区	钼	炼钼、炼钢厂附近，采食高钼饲料	①贫血 ②胃肠炎，腹泻 ③泌乳停止 ④被毛褪色

47

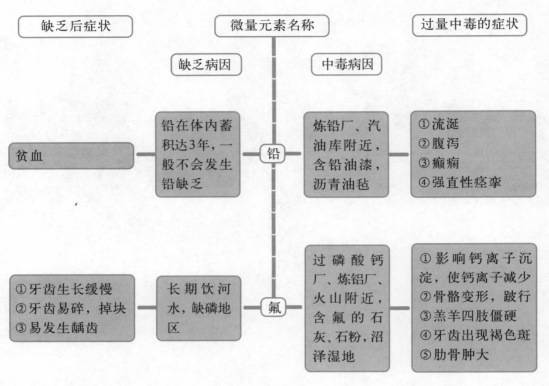

缺乏后症状	缺乏病因	微量元素名称	中毒病因	过量中毒的症状
贫血	铅在体内蓄积达3年,一般不会发生铅缺乏	铅	炼铅厂、汽油库附近,含铅油漆,沥青油毡	①流涎 ②腹泻 ③癫痫 ④强直性痉挛
①牙齿生长缓慢 ②牙齿易碎,掉块 ③易发生龋齿	长期饮河水,缺磷地区	氟	过磷酸钙厂、炼铝厂、火山附近,含氟的石灰、石粉,沼泽湿地	①影响钙离子沉淀,使钙离子减少 ②骨骼变形,跛行 ③羔羊四肢僵硬 ④牙齿出现褐色斑 ⑤肋骨肿大

提示1 硒缺乏病早期快速诊断要点:①不明原因的群发性腹泻。②运动姿势异常(四肢僵硬),被毛松乱。③皮下出现紫色浮肿。

提示2 快速诊断山羊骨软症:正常山羊尾椎骨末端细长而硬,若触摸羊尾椎骨变软,甚至摸不到尾椎骨,即可确诊为缺钙性骨软病。

41. 维生素缺乏症

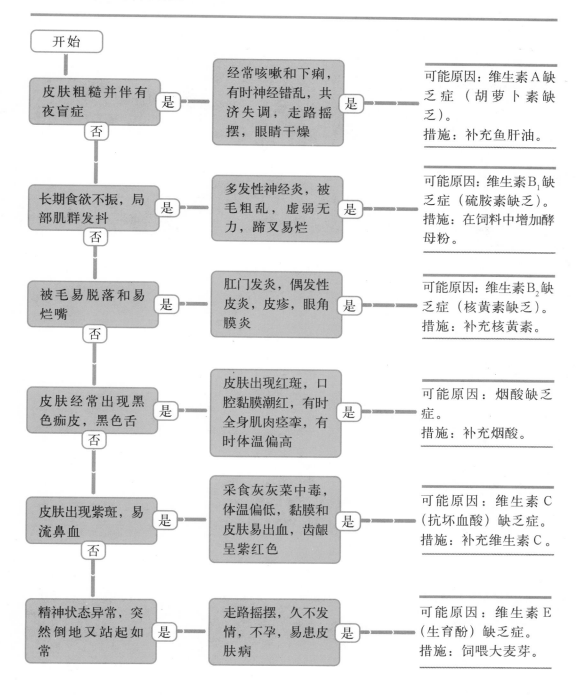

开始

皮肤粗糙并伴有夜盲症 —是→ 经常咳嗽和下痢，有时神经错乱，共济失调，走路摇摆，眼睛干燥 —是→ 可能原因：维生素A缺乏症（胡萝卜素缺乏）。
措施：补充鱼肝油。

否

长期食欲不振，局部肌群发抖 —是→ 多发性神经炎，被毛粗乱，虚弱无力，蹄叉易烂 —是→ 可能原因：维生素B_1缺乏症（硫胺素缺乏）。
措施：在饲料中增加酵母粉。

否

被毛易脱落和易烂嘴 —是→ 肛门发炎，偶发性皮炎，皮疹，眼角膜炎 —是→ 可能原因：维生素B_2缺乏症（核黄素缺乏）。
措施：补充核黄素。

否

皮肤经常出现黑色痂皮，黑色舌 —是→ 皮肤出现红斑，口腔黏膜潮红，有时全身肌肉痉挛，有时体温偏高 —是→ 可能原因：烟酸缺乏症。
措施：补充烟酸。

否

皮肤出现紫斑，易流鼻血 —是→ 采食灰灰菜中毒，体温偏低，黏膜和皮肤易出血，齿龈呈紫红色 —是→ 可能原因：维生素C（抗坏血酸）缺乏症。
措施：补充维生素C。

否

精神状态异常，突然倒地又站起如常 —是→ 走路摇摆，久不发情，不孕，易患皮肤病 —是→ 可能原因：维生素E（生育酚）缺乏症。
措施：饲喂大麦芽。

42.代谢性瘤胃病

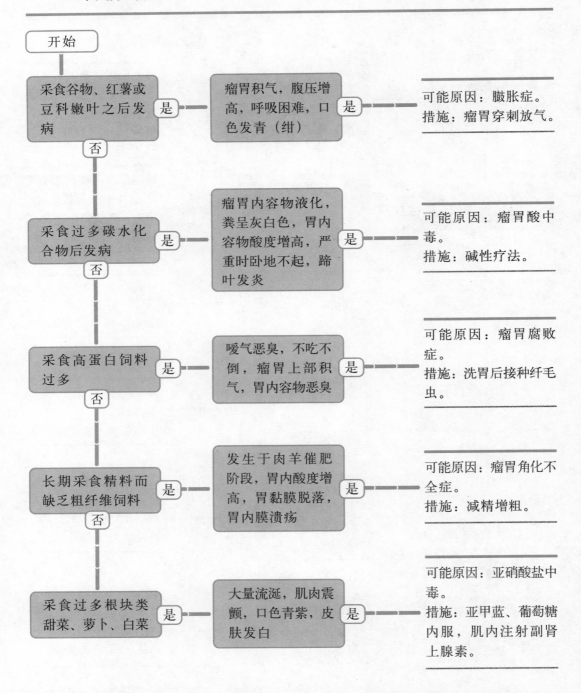

开始

采食谷物、红薯或豆科嫩叶之后发病 —是— 瘤胃积气，腹压增高，呼吸困难，口色发青（绀） —是— 可能原因：臌胀症。
措施：瘤胃穿刺放气。

否

采食过多碳水化合物后发病 —是— 瘤胃内容物液化，粪呈灰白色，胃内容物酸度增高，严重时卧地不起，蹄叶发炎 —是— 可能原因：瘤胃酸中毒。
措施：碱性疗法。

否

采食高蛋白饲料过多 —是— 嗳气恶臭，不吃不倒，瘤胃上部积气，胃内容物恶臭 —是— 可能原因：瘤胃腐败症。
措施：洗胃后接种纤毛虫。

否

长期采食精料而缺乏粗纤维饲料 —是— 发生于肉羊催肥阶段，胃内酸度增高，胃黏膜脱落，胃内膜溃疡 —是— 可能原因：瘤胃角化不全症。
措施：减精增粗。

否

采食过多根块类甜菜、萝卜、白菜 —是— 大量流涎，肌肉震颤，口色青紫，皮肤发白 —是— 可能原因：亚硝酸盐中毒。
措施：亚甲蓝、葡萄糖内服，肌内注射副肾上腺素。

43.神经紊乱性疾病鉴别诊断表

病名	病因	症状	措施
脑及脑膜病			
①日射病	炎热、高温、缺乏饮水	突然大汗，站立不稳，呼吸困难，倒地抽搐	置阴凉处，冷水灌肠
②脑外伤	外伤	突然昏倒，痉挛，拉粪尿，耳鼻出血	安静、冷敷
③脑炎	细菌感染及传染病后遗症	高热，呕吐，兴奋与昏迷交替出现	抗菌治疗
脊髓病			
①脊髓外伤	悬空落岩	全身或局部神经麻痹、瘫痪	预后不良
②指状丝虫	寄生虫引起	后躯不完全麻痹	驱虫
③脊髓炎	病毒和细菌	局部或全身瘫痪	预后不良
神经末梢病			
①面神经麻痹	外伤或颈淋巴结炎	颜面形态改变	注射兴奋剂
②三叉神经麻痹	外伤或脑部病变	眼鼻失去知觉，最后发生眼炎	注射兴奋剂
神经官能症			
①癫痫	外伤、中毒、遗传	突然倒地，口吐白沫，鸣叫，呈间歇发作	镇静剂治疗
②抽搐症	羊瘟热后遗症	不自主地、有规律地抽搐	无法医治
③横膈膜痉挛	寒冷刺激，蓖麻子中毒	肷部有规律地跳动	静脉注射硫酸镁或溴化钙
代谢性障碍病			
①维生素B_1缺乏	吃活鱼或蕨菜中毒	神经炎，肢体麻木，食欲大减	保肝解毒
②低镁血症	青草中毒	抽搐和强直性痉挛	静脉注射硫酸镁
③酮血症	营养过盛，缺乏糖类	尿有氯仿味，咬牙昏迷或兴奋	静脉注射可的松、葡萄糖
④尿毒症	肾脏病	昏迷或癫痫样发作	腹腔透析治疗

44.乳汁检验

正常的新鲜乳汁呈微黄色，即所谓"乳白色"，具有乳特有的香味（羊奶稍有膻味），略带酸性（pH值6.5~7），一些疾病会引起乳汁的颜色和气味改变，如酮病和各种乳房疾病。

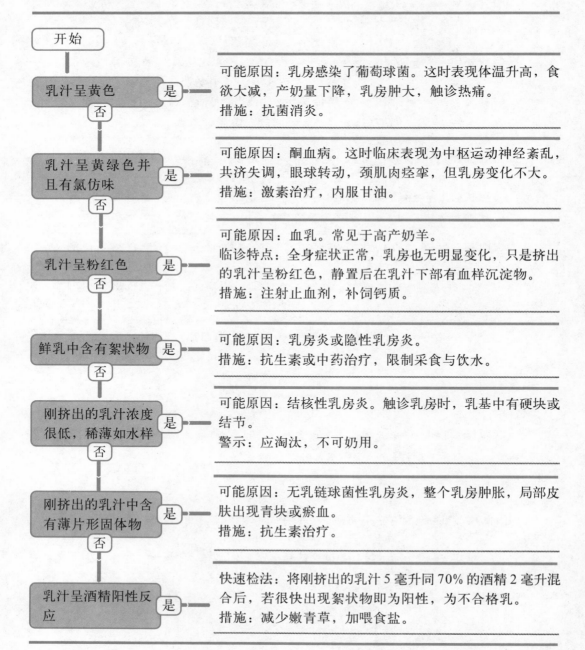

开始	
乳汁呈黄色 【是】	可能原因：乳房感染了葡萄球菌。这时表现体温升高，食欲大减，产奶量下降，乳房肿大，触诊热痛。 措施：抗菌消炎。
【否】	
乳汁呈黄绿色并且有氯仿味 【是】	可能原因：酮血病。这时临床表现为中枢运动神经紊乱，共济失调，眼球转动，颈肌肉痉挛，但乳房变化不大。 措施：激素治疗，内服甘油。
【否】	
乳汁呈粉红色 【是】	可能原因：血乳。常见于高产奶羊。 临诊特点：全身症状正常，乳房也无明显变化，只是挤出的乳汁呈粉红色，静置后在乳汁下部有血样沉淀物。 措施：注射止血剂，补饲钙质。
【否】	
鲜乳中含有絮状物 【是】	可能原因：乳房炎或隐性乳房炎。 措施：抗生素或中药治疗，限制采食与饮水。
【否】	
刚挤出的乳汁浓度很低，稀薄如水样 【是】	可能原因：结核性乳房炎。触诊乳房时，乳基中有硬块或结节。 警示：应淘汰，不可奶用。
【否】	
刚挤出的乳汁中含有薄片形固体物 【是】	可能原因：无乳链球菌性乳房炎，整个乳房肿胀，局部皮肤出现青块或瘀血。 措施：抗生素治疗。
【否】	
乳汁呈酒精阳性反应 【是】	快速检法：将刚挤出的乳汁5毫升同70%的酒精2毫升混合后，若很快出现絮状物即为阳性，为不合格乳。 措施：减少嫩青草，加喂食盐。

45.食欲

一般情况下，羊的食欲受饲料品质、适口性的影响，突然更换饲料可引起应激性食欲增加或减退。在病理情况下可能出现食欲不振、食欲废绝、异食癖等症。

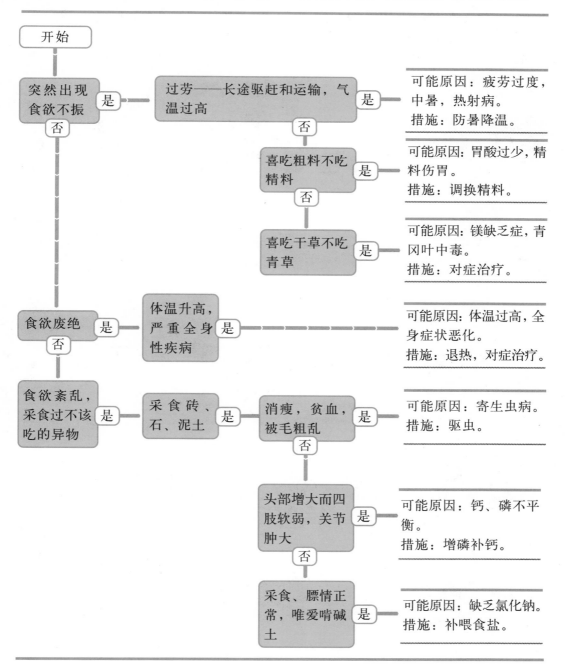

46.反刍无力

反刍俗称"倒沫"，是羊的一种特殊生理现象。即将咽入胃中的饲料，经一段时间后，重新返回（呕）口腔，进行二次咀嚼的过程。其规律是：采食后30分钟出现反刍，休息10分钟后再次出现反刍，每次每个草团咀嚼40～70次，每昼夜反刍次数4～8次为正常；否则，应视为病态。

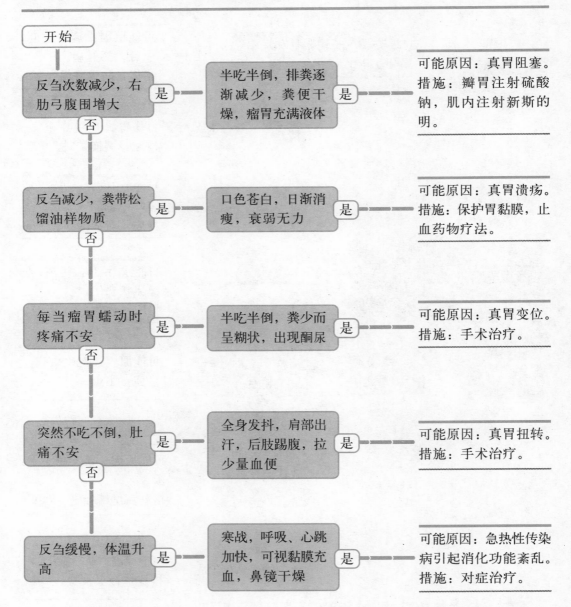

开始

反刍次数减少，右肋弓腹围增大 —是— 半吃半倒，排粪逐渐减少，粪便干燥，瘤胃充满液体 —是— 可能原因：真胃阻塞。措施：瓣胃注射硫酸钠，肌内注射新斯的明。

否

反刍减少，粪带松馏油样物质 —是— 口色苍白，日渐消瘦，衰弱无力 —是— 可能原因：真胃溃疡。措施：保护胃黏膜，止血药物疗法。

否

每当瘤胃蠕动时疼痛不安 —是— 半吃半倒，粪少而呈糊状，出现酮尿 —是— 可能原因：真胃变位。措施：手术治疗。

否

突然不吃不倒，肚痛不安 —是— 全身发抖，肩部出汗，后肢踢腹，拉少量血便 —是— 可能原因：真胃扭转。措施：手术治疗。

否

反刍缓慢，体温升高 —是— 寒战，呼吸、心跳加快，可视黏膜充血，鼻镜干燥 —是— 可能原因：急热性传染病引起消化功能紊乱。措施：对症治疗。

47.呼吸器官常见病

呼吸器官担负生命的重要活动——气体代谢。当呼吸停止5分钟后，生命就会结束。同时有很多病原菌会通过呼吸道侵入体内致病，所以呼吸器官的发病率仅次于消化道，居第二位。呼吸道疾病的共同症状是：咳嗽、流鼻涕、呼吸困难。

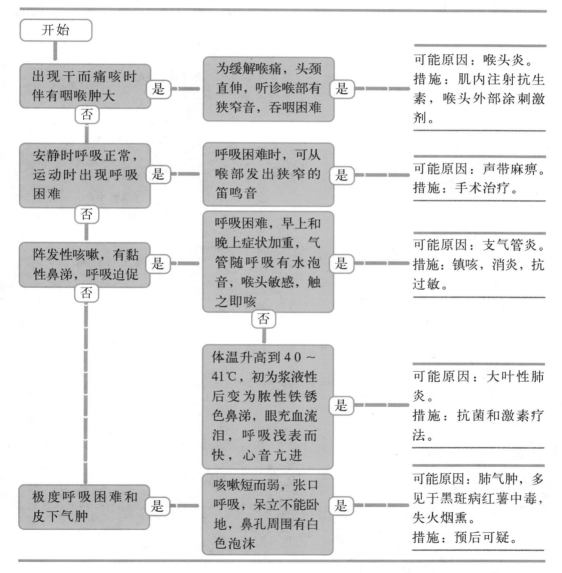

提示 黑斑病红薯中毒时有发生，多发生在冬春季节。羊采食病薯和病薯的干制品、苗床废弃薯，甚至用病薯加工的副产品、粉渣后发生中毒。

48.呼吸系统疾病演化

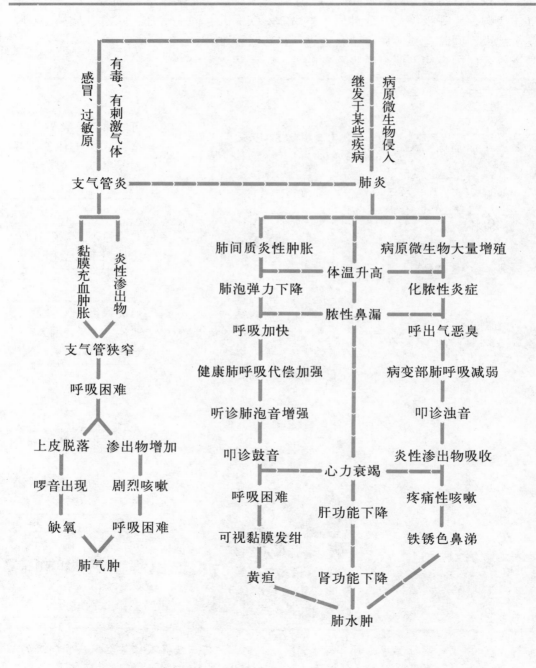

感冒、过敏原　有毒、有刺激气体　　继发于某些疾病　病原微生物侵入

支气管炎　　　　　　　　　　　　　　肺炎

黏膜充血肿胀　炎性渗出物　　　　肺间质炎性肿胀　　病原微生物大量增殖

　　　　　　　　　　　　　　体温升高

支气管狭窄　　　　　肺泡弹力下降　　　　　化脓性炎症

呼吸困难　　　　　　　　脓性鼻漏

　　　　　　　　呼吸加快　　　　　　呼出气恶臭

上皮脱落　渗出物增加　健康肺呼吸代偿加强　　病变部肺呼吸减弱

啰音出现　剧烈咳嗽　听诊肺泡音增强　　　　叩诊浊音

缺氧　　呼吸困难　叩诊鼓音　　　　　炎性渗出物吸收

　　　　　　　　　　　　心力衰竭

肺气肿　　　　　呼吸困难　　肝功能下降　　　疼痛性咳嗽

　　　　　　可视黏膜发绀　　　　　　　铁锈色鼻涕

　　　　　　黄疸　　肾功能下降

　　　　　　　　　　肺水肿

49.山羊常见病毒性传染病

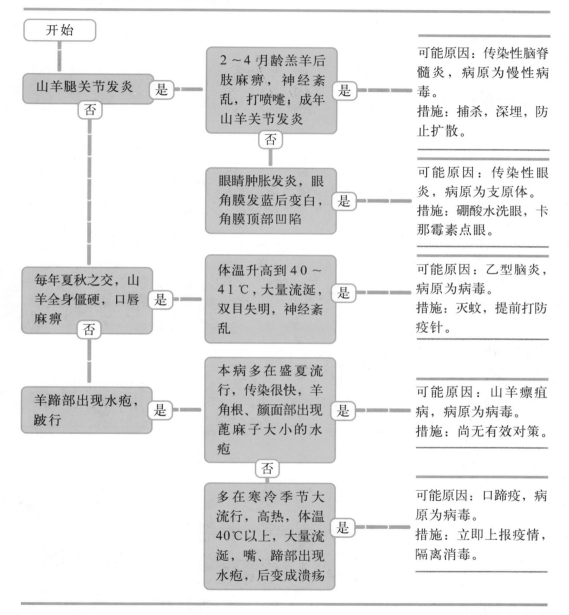

开始		
山羊腿关节发炎 —是→	2～4月龄羔羊后肢麻痹，神经紊乱，打喷嚏；成年山羊关节发炎 —是→	可能原因：传染性脑脊髓炎，病原为慢性病毒。 措施：捕杀，深埋，防止扩散。
↓否	↓否	
	眼睛肿胀发炎，眼角膜发蓝后变白，角膜顶部凹陷 —是→	可能原因：传染性眼炎，病原为支原体。 措施：硼酸水洗眼，卡那霉素点眼。
每年夏秋之交，山羊全身僵硬，口唇麻痹 —是→	体温升高到40～41℃，大量流涎，双目失明，神经紊乱 —是→	可能原因：乙型脑炎，病原为病毒。 措施：灭蚊，提前打防疫针。
↓否		
羊蹄部出现水疱，跛行 —是→	本病多在盛夏流行，传染很快，羊角根、颜面部出现蓖麻子大小的水疱 —是→	可能原因：山羊癀疽病，病原为病毒。 措施：尚无有效对策。
	↓否	
	多在寒冷季节大流行，高热，体温40℃以上，大量流涎，嘴、蹄部出现水疱，后变成溃疡 —是→	可能原因：口蹄疫，病原为病毒。 措施：立即上报疫情，隔离消毒。

提示1 山羊传染性关节炎－脑脊髓炎为慢性传染病，一年四季均有发生。本病不感染绵羊。羔山羊呈脑脊髓炎症状，成年山羊以腿关节肿为主。

提示2 口蹄疫为人畜共患病，尤其儿童易感染。凡是偶蹄动物均易发病，如牛、羊、猪、鹿等，一年四季都有发生，但以冬季最为多见。

50.山羊常见细菌性传染病

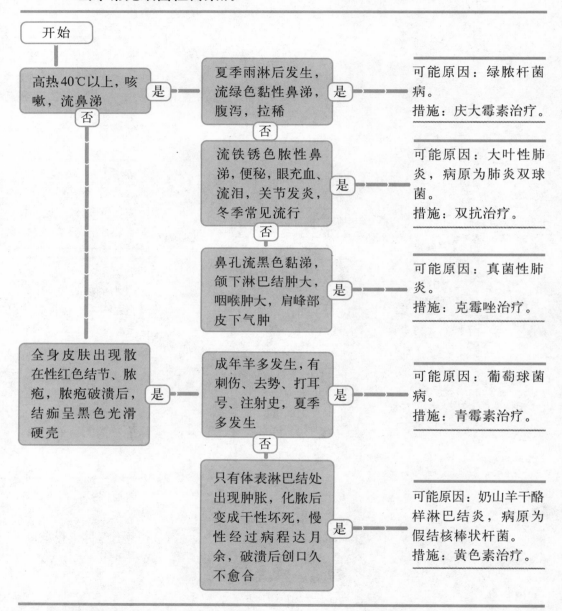

开始

高热40℃以上，咳嗽，流鼻涕 —— 否

是 → 夏季雨淋后发生，流绿色黏性鼻涕，腹泻，拉稀 —— 否
　　是 → 可能原因：绿脓杆菌病。
　　　　措施：庆大霉素治疗。

流铁锈色脓性鼻涕，便秘，眼充血、流泪，关节发炎，冬季常见流行 —— 否
　　是 → 可能原因：大叶性肺炎，病原为肺炎双球菌。
　　　　措施：双抗治疗。

鼻孔流黑色黏涕，颌下淋巴结肿大，咽喉肿大，肩峰部皮下气肿
　　是 → 可能原因：真菌性肺炎。
　　　　措施：克霉唑治疗。

全身皮肤出现散在性红色结节、脓疱，脓疱破溃后，结痂呈黑色光滑硬壳
是 → 成年羊多发生，有刺伤、去势、打耳号、注射史，夏季多发生 —— 否
　　是 → 可能原因：葡萄球菌病。
　　　　措施：青霉素治疗。

只有体表淋巴结处出现肿胀，化脓后变成干性坏死，慢性经过病程达月余，破溃后创口久不愈合
　　是 → 可能原因：奶山羊干酪样淋巴结炎，病原为假结核棒状杆菌。
　　　　措施：黄色素治疗。

提示1　绿脓杆菌病常发生在羊被暴雨淋湿后为避雨拥挤圈内，热闷过久而出现群发性、死亡率极高的疾病。

提示2　0.5%黄色素注射液为怕光药品，被阳光照射后会变质，变成黑色剧毒药，千万不可再用。若勉强用会导致羊立即死亡（正常黄色素注射液为黄褐色、有金属光泽）。

51.绵羊常见病毒性传染病

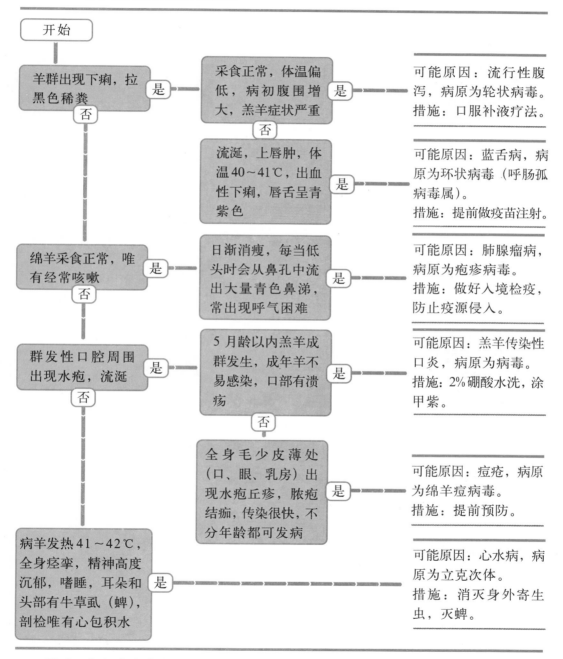

开始

羊群出现下痢，拉黑色稀粪 —— 否 ——

采食正常，体温偏低，病初腹围增大，羔羊症状严重 —— 是 —— 可能原因：流行性腹泻，病原为轮状病毒。措施：口服补液疗法。

否

流涎，上唇肿，体温40~41℃，出血性下痢，唇舌呈青紫色 —— 是 —— 可能原因：蓝舌病，病原为环状病毒（呼肠孤病毒属）。措施：提前做疫苗注射。

绵羊采食正常，唯有经常咳嗽 —— 是 —— 日渐消瘦，每当低头时会从鼻孔中流出大量青色鼻涕，常出现呼气困难 —— 是 —— 可能原因：肺腺瘤病，病原为疱疹病毒。措施：做好入境检疫，防止疫源侵入。

否

群发性口腔周围出现水疱，流涎 —— 是 —— 5月龄以内羔羊成群发生，成年羊不易感染，口部有溃疡 —— 是 —— 可能原因：羔羊传染性口炎，病原为病毒。措施：2%硼酸水洗，涂甲紫。

否

全身毛少皮薄处（口、眼、乳房）出现水疱丘疹，脓疱结痂，传染很快，不分年龄都可发病 —— 是 —— 可能原因：痘疮，病原为绵羊痘病毒。措施：提前预防。

否

病羊发热41~42℃，全身痉挛，精神高度沉郁，嗜睡，耳朵和头部有牛草虱（蜱），剖检唯有心包积水 —— 是 —— 可能原因：心水病，病原为立克次体。措施：消灭身外寄生虫，灭蜱。

提示 轮状病毒病为人畜共患病，要做好隔离消毒工作，尤其哺乳幼儿最易感染。严禁正在育儿妇女接触病羊。

59

52.绵羊常见细菌性传染病

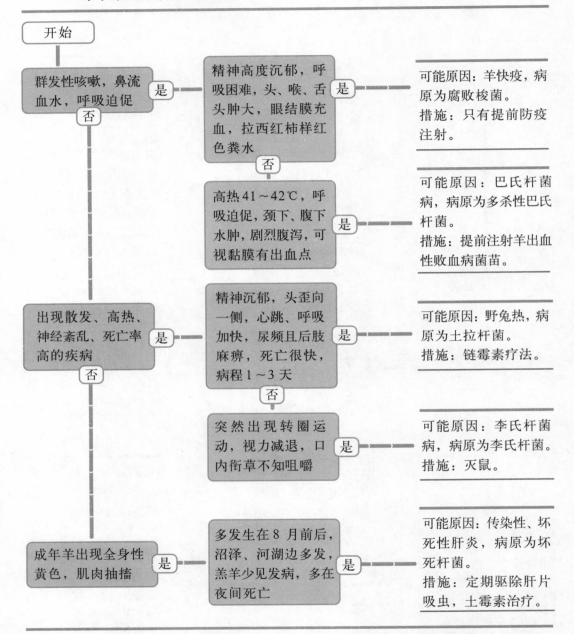

开始

群发性咳嗽,鼻流血水,呼吸迫促

　是　→　精神高度沉郁,呼吸困难,头、喉、舌头肿大,眼结膜充血,拉西红柿样红色粪水　是　→　可能原因:羊快疫,病原为腐败梭菌。措施:只有提前防疫注射。

　否

高热41～42℃,呼吸迫促,颈下、腹下水肿,剧烈腹泻,可视黏膜有出血点　是　→　可能原因:巴氏杆菌病,病原为多杀性巴氏杆菌。措施:提前注射羊出血性败血病菌苗。

　否

出现散发、高热、神经紊乱、死亡率高的疾病

　是　→　精神沉郁,头歪向一侧,心跳、呼吸加快,尿频且后肢麻痹,死亡很快,病程1～3天　是　→　可能原因:野兔热,病原为土拉杆菌。措施:链霉素疗法。

　否

突然出现转圈运动,视力减退,口内衔草不知咀嚼　是　→　可能原因:李氏杆菌病,病原为李氏杆菌。措施:灭鼠。

成年羊出现全身性黄色,肌肉抽搐　是　→　多发生在8月前后,沼泽、河湖边多发,羔羊少见发病,多在夜间死亡　是　→　可能原因:传染性、坏死性肝炎,病原为坏死杆菌。措施:定期驱除肝片吸虫,土霉素治疗。

提示1　羊快疫和出血性败血病(巴氏杆菌病)总的特征是传染快、死亡快、来不及治疗,多在1～3天死亡。

提示2　野兔热属人畜共患病,各种动物、人均可感染,要做好隔离消毒,防止疫情扩散。

53.中毒性疾病

有毒物质可经不同途径进入羊体内，如经口吃下，经肺吸入，或通过皮肤吸入体内，引起中毒发生。此类疾病发生的特点是：多突然发生，呈群发性，体温不高，食量大的强壮个体首先发病。一般共同症状是：呕吐，流涎，抽搐，病程短，死亡快。

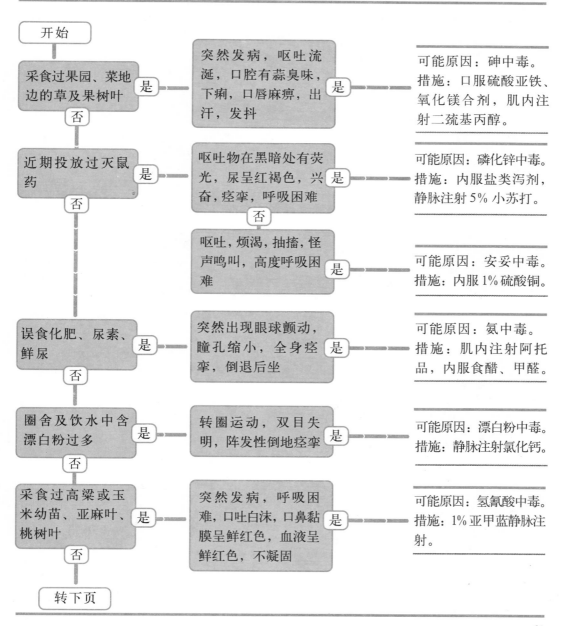

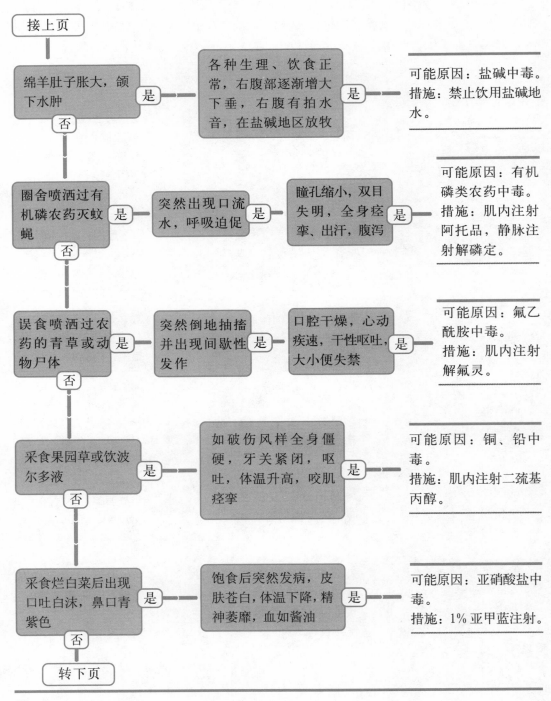

接上页

绵羊肚子胀大，颌下水肿 —是→ 各种生理、饮食正常，右腹部逐渐增大下垂，右腹有拍水音，在盐碱地区放牧 —是→ 可能原因：盐碱中毒。措施：禁止饮用盐碱地水。

否

圈舍喷洒过有机磷农药灭蚊蝇 —是→ 突然出现口流水，呼吸迫促 —是→ 瞳孔缩小，双目失明，全身痉挛、出汗，腹泻 —是→ 可能原因：有机磷类农药中毒。措施：肌内注射阿托品，静脉注射解磷定。

否

误食喷洒过农药的青草或动物尸体 —是→ 突然倒地抽搐并出现间歇性发作 —是→ 口腔干燥，心动疾速，干性呕吐，大小便失禁 —是→ 可能原因：氟乙酰胺中毒。措施：肌内注射解氟灵。

否

采食果园草或饮波尔多液 —是→ 如破伤风样全身僵硬，牙关紧闭，呕吐，体温升高，咬肌痉挛 —是→ 可能原因：铜、铅中毒。措施：肌内注射二巯基丙醇。

否

采食烂白菜后出现口吐白沫，鼻口青紫色 —是→ 饱食后突然发病，皮肤苍白，体温下降，精神萎靡，血如酱油 —是→ 可能原因：亚硝酸盐中毒。措施：1%亚甲蓝注射。

否

转下页

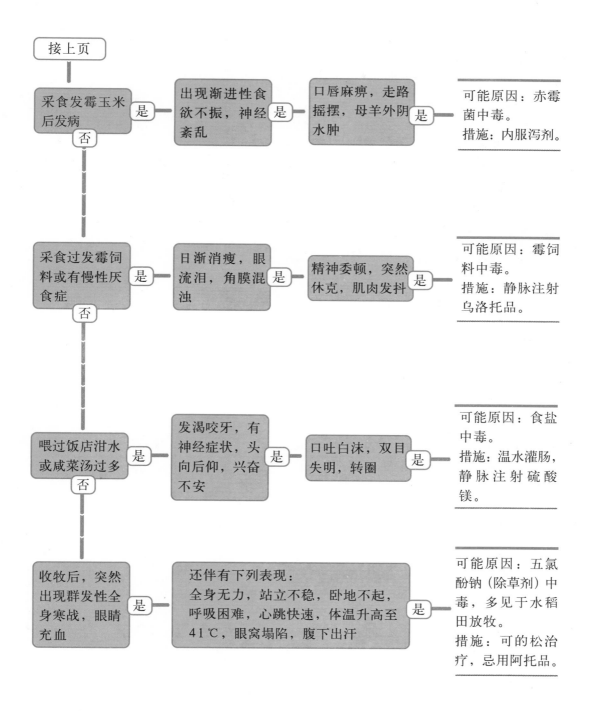

接上页

采食发霉玉米后发病 ──是──> 出现渐进性食欲不振，神经紊乱 ──是──> 口唇麻痹，走路摇摆，母羊外阴水肿 ──是──> 可能原因：赤霉菌中毒。
措施：内服泻剂。

否

采食过发霉饲料或有慢性厌食症 ──是──> 日渐消瘦，眼流泪，角膜混浊 ──是──> 精神委顿，突然休克，肌肉发抖 ──是──> 可能原因：霉饲料中毒。
措施：静脉注射乌洛托品。

否

喂过饭店泔水或咸菜汤过多 ──是──> 发渴咬牙，有神经症状，头向后仰，兴奋不安 ──是──> 口吐白沫，双目失明，转圈 ──是──> 可能原因：食盐中毒。
措施：温水灌肠，静脉注射硫酸镁。

否

收牧后，突然出现群发性全身寒战，眼睛充血 ──是──> 还伴有下列表现：
全身无力，站立不稳，卧地不起，呼吸困难，心跳快速，体温升高至41℃，眼窝塌陷，腹下出汗 ──是──> 可能原因：五氯酚钠（除草剂）中毒，多见于水稻田放牧。
措施：可的松治疗，忌用阿托品。

54.有毒植物中毒性疾病

有毒植物分类	有毒植物名称	中毒后表现	解毒措施
引起中枢神经兴奋的植物	毒 芹 天仙子 曼陀罗 颠 茄 马前子 蓖 麻	突然兴奋，呼吸迫促 兴奋，口干，心音亢进 瞳孔散大，高度兴奋 瞳孔散大，高度兴奋 如患破伤风样 口唇和膈肌痉挛	用水合氯醛灌肠 内服鞣酸，静脉注射安溴 皮下注射樟脑，肌内注射氯丙嗪 皮下注射樟脑，肌内注射氯丙嗪 静脉注射安溴，内服活性炭 肌内注射硫酸镁
引起中枢神经抑制的植物	毒 麦 白屈菜 马兜铃 秋水仙 乌 头	昏迷，步态不稳 昏迷，步态不稳 步态不稳，后肢无力 忧郁，四肢无力 昏迷，胃肠蠕动亢进	内服泻剂，皮下注射兴奋剂 皮下注射阿托品 内服泻剂和兴奋剂 皮下注射樟脑，内服浓茶 水合氯醛灌肠，皮下注射阿托品
引起消化道病变的植物	大 戟 山 靛 水 芋 龙 葵	胃肠炎，口炎，血痢 胃肠炎，肾炎，血乳 诸黏膜高度充血 胃肠、口腔发炎	内服蛋清和鞣酸 洗胃和对症治疗 皮下注射樟脑，内服脱敏剂 内服油类泻剂
引起心脏病变的植物	毛地黄 铃 兰 夹竹桃	心跳缓慢，全身软弱 心肺活动缓慢无力 心跳变慢，寒战	内服鞣酸，肌内注射阿托品 皮下注射樟脑、阿托品 静脉注射氯化钾，肌内注射阿托品
引起肝脏病变的植物	知 母 羽扇豆 有须天芥菜 苍耳子	诸黏膜黄染，尿黄 黄疸，尿频，浮肿 腹水，黄疸，无尿 黄疸，水肿	静脉注射葡萄糖、维生素 B_{12} 内服食醋和鸡蛋清 强心，利尿 肌内注射樟脑水
引起血氧缺乏的植物	亚 麻 再生高粱苗 黑斑病红薯	呼吸困难，心力衰竭 缺氧，心力衰竭 缺氧，皮下气肿，呼吸困难	静脉注射硫代硫酸钠 皮下注射亚甲蓝，内服大苏打 静脉注射大苏打、维生素C
引起感光过敏性的植物	荞麦苗 蒺 藜 灰灰菜	阳光照射后皮肤无毛处发炎 阳光照射后皮肤无毛处发炎 阳光照射后皮肤无毛处发炎	病羊置黑暗处，内服泻剂 静脉注射葡萄糖、可的松 注射葡萄糖、维生素 B_1

有毒植物分类	有毒植物名称	中毒后表现	解毒措施
引起出血素质的植物	草木樨	易流血不止	静脉注射氯化钙
	樱桃树叶果	易流血不止	注射维生素 K_3
	麦仙翁	易流血不止，还有血尿	内服油类泻剂

化学腐蚀性药物对皮肤伤害的色变鉴别

	名称	伤害后表现	解救措施
腐蚀性药物对皮肤刺激的色变	硫酸	皮肤变成黑色	小苏打水洗后涂凡士林
	硝酸	皮肤变成黄色	小苏打水洗后涂凡士林
	盐酸	皮肤变成灰白色	小苏打水洗后涂凡士林
	醋酸	皮肤变成白色	小苏打水洗后涂凡士林

提示 对中毒性疾病的诊断要求快速，不得因误时而失去抢救最佳时机。中毒性疾病的发生有特殊性，如突然发病、采食后发病、成群发病，单个发病少，膘肥体壮的首先出现症状，体弱、消瘦的小体格羊反而少见出现症状。起病与周围环境有关联，如农田喷洒除草剂，果园防治害虫，群众性集体灭鼠，饮工业废水，饲喂发霉饲料，饲喂蔬菜下脚料，牧区毒草生长繁盛季节。一般来说，中毒病发生多在饱食后，发生很快，多数先呕吐、流涎，全身抽搐，呼吸困难，有神经症状，体温与心跳成反比例。急性肚胀和腹泻也常伴发生。

二、传染性疾病

1. 羊触染性脓疱口炎

羊触染性脓疱口炎是高度接触性传染病，又叫"羊烂嘴"。病原为痘病毒属的副痘病毒，该病毒抵抗力很强，可在阳光照射的地面上存活，直到翌年仍有传染性，以口腔周围出现增生性炎症，后变成如桑葚样坏死痂皮为特征。

【流行特点】

(1)有明显季节性，发生于每年的夏秋之间。

(2)传染源为患本病的羊和污染物，传染途径为接触感染，群羊多发生，散养单个羊只很少见到。

(3)山羊发病率几乎达100%，死亡率在30%左右；幼年羊死亡率最高，成年山羊比绵羊死亡率高，羔羊则相反。

(4)有地区性，即使是邻近村，不同草场，不同道路，以及从来没有相遇过的羊群不会被感染。

【诊断要点】

(1)本病主要危害群养山羊，以3~6月龄的羔羊最严重，病程在15天以上。

(2)病初流口水，后来出现口角周围肿胀，甚至肿胀扩大到整个头部，致使羊无法张嘴啃草，咀嚼困难。

(3)绵羊感染率低，为30%左右，主要是感染成年羊。病变部位主要在蹄部，仅见羊有轻微跛行。

(4)山羊感染后，首先在口唇周围出现丘疹，如大豆样，继而变成水疱和脓疱，脓疱破裂后结痂，使整嘴形成黑褐色桑葚样硬痂（图1），有的烂斑可扩展到上鼻、眼部。

【防治方案】

(1)坚持自繁自养，不引进外地羊只。若必须引种，须隔离观察30天后，认为无病方可合群。

(2)为使疫情尽快结束，提高病羊抗病能力，可进行紧急接种。方法是：将病羊脓痂收集后，用2%甘油生理盐水溶液按1:10稀释后做成活苗，接种尚未发病羊（在尾下刺种一个点，如种牛痘样）。

(3)对病羊可用弱酸和弱碱水交替冲洗口腔、唇部创面，然后涂紫药水。

(4)内服左旋咪唑5片（25毫克/片）、维生素C 5片（100毫克/片）、维生素 B_2 5片（5毫克/片）、盐酸吗啉胍5片（含病毒灵100毫克/片），成年羊一次内服，每日2次，连服3~4天。

图1　唇部有桑葚样黑紫色痂皮

【专家提示】

（1）本病也可感染人和猫，应加强防护工作。　人感染后主要症状是顽固性口腔炎。

（2）在本病流行地区，采用山羊痘病毒灭活苗接种，能有效控制该病发生（接种最佳时间是每年5月）。

2. 羊蓝舌病

羊蓝舌病是绵羊的一种病毒性传染病，又叫"羊卡他热"。　病原是呼肠孤属环状蓝舌病毒。　该病毒性质稳定，存在于病羊的血液中，即使病羊康复后，其体内病毒仍有存在。　特征是发热，口腔内糜烂，乳房和蹄部也同时出现病变。　因口腔黏膜充血后发绀呈青紫色，故名蓝舌病。

【流行特点】

（1）本病为一种非接触性传染病，多在夏季高温多雨时、地势低洼地区发生。

（2）患该病的羊是传染源，吸血昆虫是传播媒介，易感动物主要是绵羊，山羊和牛也可感染，但很少见。

（3）绵羊发病率达30%~40%，病死率在30%左右。　山羊感染后症状与绵羊相似，但较轻微，多呈良性经过。　青年羊易感性高，哺乳羔羊很少发生。

【诊断要点】

（1）本病有明显季节性，多发生在高温多雨、蚊蝇滋生季节。

（2）口腔黏膜充血呈蓝紫色（图2），乳房肿胀、溃烂，蹄真皮发炎，出现跛行。

（3）病理剖检见口腔糜烂，瘤胃黏膜有深红色炎症区（图3），蹄冠充血肿胀，有出血点。

（4）体温：病初升高至 40~41℃，稽留 2~3 天，出现口鼻卡他性炎症，而后肿胀、溃烂。

图2　口腔及舌糜烂,舌呈青紫色且露出口外

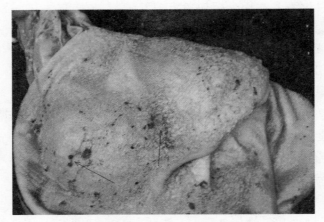

图3　瘤胃黏膜有深红色炎症区

【防治方案】

（1）在易发病地区，每年注射蓝舌病疫苗。

（2）夏季不在低洼、潮湿地区放牧，定期进行药浴，驱杀体内外寄生虫、蚊蝇。

（3）对可疑病例，一般不可医治，防止保留病源，可捕杀，消毒，焚烧。

【专家提示】

（1）为了确诊，采集病料进行易感动物接种试验或补体结合试验。

（2）凡患该病的羊白细胞明显减少，应采血化验，以助快速确诊。

3. 羊瘟热

羊瘟热又叫"小反刍兽疫"，是由类麻疹病毒引起的一种似牛瘟症状的烈性、接触性、败血性山羊传染病。病原属副黏病毒科麻疹病毒属小反刍兽疫病毒，该病毒和牛瘟病毒有共同抗原和交叉保护反应。以持续性发热，诸黏膜发炎、坏死，甚至糜烂为特征。

【流行特点】

（1）本病多发生在夏季及多雨季节，呈流行性发生。

（2）主要感染山羊和鹿，绵羊次之，也感染猪、牛，但症状轻微，呈隐性。

（3）传染源为患病羊，传染途径主要是直接或间接接触病羊，经消化道和呼吸道感染。传播媒介主要是吸血昆虫，以及病羊排泄物、污染物、工具和动物。

【诊断要点】

（1）高热持续 40~41℃，大量流口水和鼻涕，鼻孔堵塞，呼吸不畅。

（2）口腔、舌头发炎，有烂斑，齿龈、硬腭、颊有坏死灶。

（3）腹痛，出血性下痢，孕羊多流产。

（4）阵发性咳嗽，严重时呼吸困难。

（5）腹下、尾根、乳房基部皮薄处有散在性出血点。

【防治方案】

（1）用牛瘟兔化弱毒疫苗和羊瘟热病毒灭活苗混合进行预防注射，可有效控制该病发生和流行，且是唯一方法。

（2）发现可疑病例应立即上报有关部门，采取根除病源措施。

4. 衣原体流产

衣原体流产病是在布氏杆菌控制较好的情况下，仍然发生大面积流产引起人们注意而发现的。病原为鹦鹉热衣原体。该微生物抵抗力不强，60℃ 10 分钟可杀死，3% 双氧水 5 分钟可灭活。以发热、流产、死胎为本病特征。

【流行特点】

（1）病源为病羊胎盘、胎儿、阴道分泌物，感染途径是消化道。

（2）本病呈地方性流行，只感染成年母羊，尤其 2 岁母羊感染率最高。易感性最强的是山羊，绵羊次之，人亦可感染。

（3）该微生物具有强烈的嗜胎盘性，多在孕羊的胎盘子叶间生长繁殖，引起子宫腺窝发炎，导致母体与胎儿之间的营养物质交换受阻，出现胎儿死亡或流产。

【诊断要点】

（1）流产特点是多在怀孕后期产前 1 个月内分娩产出死羔或极弱羔。

（2）流产率为 20%~30%，老疫区流产率低，为 5% 左右，每只母羊只流产一次，没有连续流产的现象。

（3）流产的胎盘、绒毛膜呈血红色水肿。

【防治方案】

（1）药物治疗没有实际意义。

（2）只有做好一切流产排泄物和污染场地的严密消毒、隔离病羊等措施，才能杜绝疫情扩散和感染机会。

附　羊赤羽病：本病特征是呈周期性发生，3~5 年流行一次，多在夏季发生。早产胎儿头部畸形，病原为赤羽病毒。传播媒介为吸血昆虫。预防：可提前接种灭活疫苗。

5. 传染性无乳

传染性无乳是羊无乳丝状支原体引起的羊泌乳停止病。姬姆萨染色佳，菌体呈短丝状，抵抗力不强，干燥和高温 40℃以上可很快杀死。特征是正在泌乳的母羊停止泌乳，而且还出现角膜炎和关节炎。

【流行特点】

（1）传染源是病羊，传染途径主要是消化道，外伤、乳汁、排泄物也可传染本病。

（2）羊别、年龄、性别、季节等对易感性无影响。

（3）由于靠接触感染，所以多呈地区性流行。

【诊断要点】

（1）乳房型：多为一侧性乳房肿大、发热、疼痛，乳头基部有硬块，乳汁浓缩，乳房上淋巴结肿大，日久乳房萎缩，泌乳停止。

（2）眼型：眼结膜充血肿胀，流泪，眼角膜混浊发白（白翳），甚至溃疡凹陷。

（3）关节型：腕关节及跗关节肿大，有热痛，跛行，甚至化脓，病程 30 天以上。

【防治方案】

（1）长效土霉素按每千克体重 5~20 毫克肌内注射，隔天注射 1 次，连注 3 次。

（2）硫酸卡那霉素按每千克体重 15 毫克 1 次肌内注射，1 天 2 次，连用 3 天。

（3）1%硫酸铜成年羊每次 60~80 毫升内服，隔 3 天可重服 1 次。

【专家提示】从外地引进羊只时，要严格检疫制度，尤其不从疫区进羊，一旦引入该病疫源则很难根除。

6. 梅迪与维斯纳病

梅迪与维斯纳病是同一种病毒引起的不同症状与病理变化的独立的两个病型。

"梅迪"为冰岛语,是呼吸困难之意。 该病为绵羊特有的疾病,病原为肿瘤病毒,抗原不稳定,潜伏期很长,属慢病毒的一种。 特征是进行性肺炎,慢性经过,潜伏期达 2 年以上,病程长达 60 天以上。

【流行特点】

(1)主要感染 2 岁以上成年绵羊,老龄和 1 岁以下羊很少发生。

(2)间断性咳嗽,呼吸迫促,日渐消瘦。

(3)病羊为传染源,主要经消化道和呼吸飞沫传染。 山羊和其他动物不会感染。

【诊断要点】

(1)梅迪病:是缓慢性病毒肺炎,无体温变化,咳嗽和呼吸困难。 剖检特征是肺体积和重量均增大,为正常的 2~3 倍,质地韧,肺表面呈黑色或暗红色。

(2)维斯纳病:慢性,神经系统紊乱,出现轻瘫和共济失调,食欲大减,唇肌抽搐,头常歪向一侧,双后肢拖地而行。

【专家提示】

(1)无医治价值,发现可疑病羊应扑杀、消毒、深埋。

(2)进口羊只要严密检查,做好血清学试验,杜绝本病病源引入。

7. 山羊痘

山羊痘是山羊痘病毒引起的高度接触性传染病,该病毒可在羊睾丸组织细胞上培养,具有细胞致病作用。 该病毒经处理后可作为羊触染性脓疱口炎病的免疫疫苗用。 而羊触染性脓疱口炎病毒不能做羊痘免疫疫苗用,这是该病毒的特点。 本病特征是在体表无毛或毛稀皮薄处和诸黏膜上发生痘疹,痘疹很快萎缩而自愈。

【流行特点】

(1)本病发生有明显季节性,多发生于 1~2 月,尤其遇上大雪封冻、饲草缺乏、营养不良时易出现流行。

(2)初期只见个别羊出现疑似病例,后来患病头数慢慢增加。 由于症状不明显,基本不影响食欲,常被人所忽视。

(3)本病是靠直接接触传染,发病率不高,在 30% 左右,死亡率仅 5%,主要死于继发性感染。

【诊断要点】

(1)病初流眼泪,在眼皮、肛门、乳房处出现红色斑点(图 4),如昆虫叮咬后样,以后逐渐形成小结节,甚至变成脓疱,最后结节、萎缩。 结痂愈合,痂皮脱落。

(2)羔羊除上述症状外,出现咳嗽,体温升高至 41℃ 以上,呼吸困难。 多见

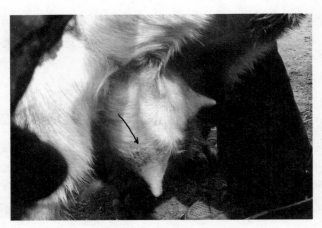

图 4　乳房皮肤上有红色丘疹

窒息性死亡。

【防治方案】可参照绵羊痘。

8. 绵羊痘

绵羊痘是一种特有的病毒引起的急热性高度传染性疾病。病原为绵羊痘病毒，较其他动物痘病毒小而细长，只感染绵羊，不感染山羊和其他家畜。传染源为病羊污染物，传播途径主要是呼吸道、皮肤损伤处。传播媒介是空气飞沫、吸血昆虫。皮肤和黏膜发生典型痘疹即最初丘疹→水疱→脓疱→痂皮，有规律的病理演化过程。

【流行特点】

（1）本病没有季节性，全年都可发生，发病率为70%左右，死亡率50%，羔羊死亡率达100%，3~4天即可蔓延至大多数羊群。

（2）发病急，传染快，呈暴发性流行。羔羊和老龄羊最易感染，死亡率高，妊娠母羊多流产。

【诊断要点】

（1）体温升高至41~42℃，食欲废绝，随后出现眼肿流泪，精神高度沉郁。

（2）口腔黏膜、牙龈、舌头以及鼻端、眼睑、耳、肛门、乳房、阴囊、股内侧毛短而稀处皮肤上，出现红色痘疹。

（3）羔羊症状最为严重，丘疹呈黑色，疱液内混有血液，行走困难，卧地不起，耳垂、头颈贴地，呼吸困难，多数死亡。

（4）剖检变化：除皮肤痘疹显而易见外，最突出的变化是四个胃黏膜上均有散在性、圆形结节和溃疡面。

【防治方案】

（1）发现可疑病例，立即上报有关部门做好隔离消毒工作，以防疫情扩散。

（2）对易发病地区提前进行痘苗接种，是控制本病发生的根本办法。

（3）病初可用柴胡注射液 10 毫升、地塞米松 4 毫升 1 次肌内注射。

（4）选用瘟可康注射液（商丘兴牧药厂生产），按每千克体重 0.5 毫升 1 次肌内注射，每天 1 次，连用 3 天。

9. 链球菌病

羊链球菌病 2004 年在洛阳流行，给养羊户造成巨大损失。病原为羊溶血性链球菌，革兰染色阳性，呈球形，单个或呈短链，有荚膜。以高热、皮肤呈青灰色、头耳肿胀为特征。

【流行特点】

（1）本病发生有季节性，多在冬春流行。绵羊易感性高，山羊次之。山羊感染后，症状轻微，死亡很少。

（2）传染源是病羊排泄物，主要经呼吸道感染，也可经皮肤损伤处或皮肤寄生虫叮咬感染。

（3）成年绵羊感染率几乎 100%，死亡率 30% 左右。

【诊断要点】

（1）病初体温增高 2℃ 以上，随后全身发抖，呼吸加快，阵咳，流浆液性鼻涕，后转为脓性鼻瘘。

（2）头部、面颊、眼睑肿胀，头颈伸直，咽喉肿大，耳朵肿大下垂，全身皮肤色变，呈灰青黑色。

（3）病初便秘，粪呈老鼠屎样干小；病到后期，多数腹泻，拉黑色水样稀便。严重时呼吸困难，吭声不断，出现痛苦样呻吟。

（4）孕羊多数流产。

（5）尸体剖检见胆囊肿大 2~3 倍，各脏器表面有纤维蛋白素覆盖，并有出血点。

【防治方案】

（1）加强饲养管理，防止感冒和圈舍过于拥挤。

（2）及时用羊链球菌氢氧化铝菌苗做预防注射。

（3）首先用氨基比林注射液 10~20 毫升、青霉素 160 万单位 1 次肌内注射；第二次用注射用水混合青霉素肌内注射，1 天 2 次，连用 3 天。

（4）长效恩诺沙星注射液按每千克体重 2.5~5 毫克，1 次肌内注射，每天 1 次，连用 3 天。

【专家提示】

(1)解热药不可连续应用,否则会降低抗病能力。

(2)确诊应采取细菌学检验和动物接种试验。

【链球菌病快速确诊方法】取病死羊肺组织(无菌操作法)直接涂片用姬姆萨染色,镜检可见有双球排列的有荚膜球菌,即可确诊为羊链球菌病。

10. 李氏杆菌病

李氏杆菌病是由鼠引起的羊病。 病原为单核白细胞增多性李氏杆菌,革兰染色阳性,无荚膜、无芽孢,能在粪便和青贮饲料中长期生存。 以高热、脑炎及流产为特征。

【流行特点】

(1)本病发生有明显季节性,多在每年的春、秋两季散发,发病率不高但死亡率极高,达90%以上。

(2)在饲草不足的情况下采食青贮和陈旧干草,又有老鼠出没的场所最易流行。

(3)绵羊发生最多,山羊次之,1~2月龄绵羊羔感染率最高。

【诊断要点】

(1)病初体温升高至40~41℃,精神高度沉郁,食欲大减,低头垂耳,呆立,不愿走动。

(2)走路摇摆,伸颈低头,不随意无目的性地到处乱跑,即使碰到障碍物也不知躲避,甚至头顶墙壁不动。

(3)严重时,兴奋与沉郁交替出现,头歪向一侧,走动时向一侧转圈。

(4)眼结膜肿胀,大量流泪。

(5)羔羊症状严重,体温升高至41℃,1天后体温下降,精神极度沉郁,呈昏迷状,最后脱水而死亡。 多发生在初春季节、1~3月龄绵羊。

【防治方案】

(1)禁止羊采食垛底烂草和青贮饲草的底部垫草,在存放饲草的场所和羊舍周围及时消灭鼠类。

(2)病初采用庆大霉素4万~8万单位1次肌内注射,1天2次,直至痊愈。

(3)青霉素320万单位,溶于5%糖盐水中1次静脉滴注,1天1次。

(4)本病为人畜共患病,防止人被感染。

【专家提示】要快速确诊本病可采集可疑病羊耳静脉血1.5毫升,滴在家兔眼内,若2天后家兔双眼结膜充血肿胀即为本病。

11. 山羊干酪样淋巴结炎

山羊干酪样淋巴结炎为山羊的一种接触性慢性传染病。病原为假结核棒状杆菌，革兰染色阳性，无鞭毛，不能产生芽孢。特征是羔羊咽喉脓肿，成年羊淋巴结干酪样化脓。

【流行特点】

（1）有明显季节性，多在夏季流行，冬天很少发生。

（2）传染源为患该病的羊。感染途径主要是皮肤伤口，如刺伤、去势、剪毛、抓绒、断脐，经消化道也可感染。

（3）成年山羊感染率高，羔羊很少见到本病发生，绵羊极少见到该病发生。

【诊断要点】

（1）多见颈部、肩前、股前淋巴结肿胀、化脓，脓呈牙膏样、干酪样（图5）。

图5　颈前、肩前淋巴结肿胀化脓溃疡，流出牙膏样稠脓

（2）日渐消瘦，很远就能闻到一种腥臭味。

（3）有的羊还会出现肺炎症状（肺淋巴结感染），咳嗽，体温升高，流浆液性鼻涕。

（4）有的羊出现跛行、关节炎。

【防治方案】

（1）一切外伤注意消毒，发现可疑病羊应及时进行隔离，并进行圈舍、用具、食槽消毒。

（2）病初时选用0.5%黄色素10毫升、5%葡萄糖250毫升混合，1次静脉注射，3天后再重复静脉注射1次。

（3）长效恩诺沙星注射液按每千克体重2.5~5毫克肌内注射，1天1次，连用3天。

（4）局部治疗可用双氧水冲洗干净后注射碘酊，最后涂抹磺胺软膏，3天处理1次。

【专家提示】

（1）黄色素注射液应避阳光，尤其在混合静脉注射时应在无阳光照射下进行。

（2）正常0.5%黄色素注射液应该是黄褐色、有金属光泽，若颜色变成黑红色即为光合性，有毒性变化应杜绝使用。

12. 羊快疫

羊快疫又叫北欧快疫，主要危害绵羊。病原是腐败梭菌，革兰染色阳性大杆菌。在动物体内、外均能产生芽孢，其毒素可引起羊休克，以芽孢形式存在，潮湿土壤中可长期存活。因发病急、病程短、死亡快，故名羊快疫。以消化道积气和真胃出血性炎症为特征。

【流行特点】

（1）6月龄到2岁的绵羊最易感染。山羊呈隐性，少见有明显症状。

（2）多在每年秋末春初、饲草不足、羊膘情下降、气候剧烈变化时发生。

（3）低洼潮湿以及沼泽地带多发。

（4）当羊只采食冰冻草料而使机体抵抗力降低时，可诱发本病。

【诊断要点】

（1）突然发病，很快衰竭，2~3小时昏迷休克而死亡。有的羊晚上未见异常，次日早上见死在圈内。

（2）个别病羊口吐白沫，走路摇摆，排黑红色稀便，粪便中混有血丝而且恶臭。

（3）头、喉、舌肿大，呼吸困难，腹部臌胀，可视黏膜发绀。

（4）有的体温升高至41℃左右，四肢软弱，腹部臌大，磨牙，抽搐。

（5）剖检见真胃和十二指肠充血、出血、发炎，肠内容物充满气泡（图6），体腔积液（胸、腹腔），肝脏肿大，心内外膜有出血点（图7），胆囊积存大量胆汁。

【防治方案】

（1）在易发地区每年春、秋两季注射羊四联或羊快疫专用菌苗。

（2）每年秋、冬、初春季节不在潮湿地区放牧。

（3）在易发季节，适时补饲精料，增加营养，提高抗病能力，不让羊采食冰冻草，防寒，防止感冒。

（4）发现可疑病羊，立即上报有关部门，采取隔离消毒，防止疫情扩散。

（5）对病程稍长的病例，在防疫措施保护下，给予每只羊160万~240万单位青霉素1次肌内注射，1天2次。

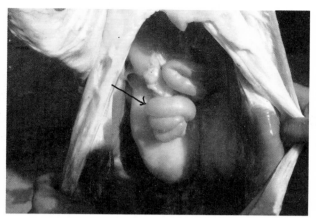

图6 十二指肠充满气体

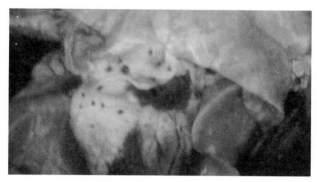

图7 心包膜有出血点

【专家提示】

（1）生前诊断比较困难，要借助死后剖检，真胃有出血性炎症，结合临床诊断可初步确诊，但确诊还必须进行细菌学检查。

（2）对稍缓慢可疑病例的治疗，必须在严密隔离、消毒、防止疫情扩散的情况下进行。

13. 羊传染性胸膜肺炎

羊传染性胸膜肺炎是山羊的一种高度接触性传染病。病原为丝状支原体，革兰染色阴性的细小多形杆菌。本病特征是高热、咳嗽、纤维蛋白质渗出性肺炎和胸膜炎。

【流行特点】

（1）自然条件下，3 岁以下羊感染率最高，老羊少见。主要经呼吸道、飞沫传染。

（2）呈地方性流行，接触传染性很强。 病羊是主要传染源，多在冬、春季节流行。

（3）瘦弱、营养不良、阴雨连绵、寒冷潮湿极易诱发本病。

【诊断要点】

（1）呼吸迫促，发出鸣叫声音，体温升高至 40~41℃，食欲废绝，全身发抖。

（2）咳嗽，流浆液性鼻涕，严重时变成脓性带血的铁锈色鼻涕。

（3）听诊肺部时肺泡音极弱而胸膜摩擦音很明显，呼吸困难，吭声不断。

（4）眼结膜肿胀，流泪，有脓性眼屎。

（5）怀孕羊多数流产。

（6）剖检见胸膜和肺粘连并附有大量纤维蛋白，整个肺呈大理石样变，胸腔积有黄色液体，心包积液并有出血点。

【防治方案】

（1）罗红霉素按每千克体重 0.7~1.5 毫克 1 次内服，1 天 2 次，连服 3 天。

（2）氟苯尼考注射液按每千克体重 10 毫克 1 次肌内注射，连用 3 天。

（3）对疫区应提前注射菌苗。

（4）为了避免从外地带来疫源，凡引进羊只，必须隔离观察月余后，认为无病方可合群。

14. 羊肠毒血症

羊肠毒血症又叫"羊捕青病"，是由 D 型魏氏梭菌在肠道内产生的外毒素，引起绵羊急性致死性疾病。 该菌革兰染色阳性的厌气性粗大杆菌能形成荚膜，又称产气荚膜梭菌。 传染性很强，呈流行性。 以急性、肚胀性急死为特征。

【流行特点】本病多在开春后青草萌发期发生，故称羊捕青病。 以青壮的、膘情好的绵羊感染率最高，死亡率也高。 较瘦弱的老龄羊和 4 月龄以下的羔羊发病率低，死亡也少。 山羊感染率最低，即使发病，症状也较轻微，多能很快自愈。

【诊断要点】

（1）具有确诊价值的依据是尸检时肾脏软如泥样。

（2）突然发病，倒地抽搐，眼球震颤，体温正常或偏低，排粪时肛门外翻。

（3）濒死前肠鸣泄泻，腹痛不安，拉出黄褐色水样粪便，含有潜血。

（4）化验时血糖和尿糖显著升高。

（5）小肠黏膜充血、出血，心脏扩张，心内外膜有出血点。

（6）本病易和炭疽病、巴氏杆菌病相混淆，区别点是：炭疽病发病不分种别和年龄，体温升高，肾脏变化不大；巴氏杆菌病全身皮下水肿，有胶样浸润，病料涂片镜检可见相应的致病菌存在。

【防治方案】

（1）每年春季应补饲干草，防止捕青——抢食刚萌发的草芽。

（2）每年春、秋季注射羊五联菌苗。 对病羊所污染的场地、用具等彻底消毒。

（3）对病程稍长的病羊（2 小时以上）可选用青霉素 160 万~240 万单位肌内注射，1 天 2 次，连用 2~3 天。

（4）对尚未显示症状的羊只可用大安片按每千克体重 0.1 克剂量内服，做预防性给药。

15. 羊黑疫

羊黑疫主要是危害山羊的一种急性、高度致死性传染病。 病原是 B 型诺维梭菌，革兰染色阳性的粗大厌气性梭菌。 本病的特点是全身皮肤外观呈青黑色，故名羊黑疫。

【流行特点】

（1）本病发生有一定的季节性，多发生在每年的秋末。 有一定的区域性，多发生在低洼沼泽、肝片型吸虫污染地区。

（2）周岁羊感染率高，死亡也多。 老龄羊和羔羊较少发生，死亡率也低。

（3）羊肝片吸虫病是诱发本病的主要原因。

【诊断要点】

（1）每年秋末，羊突然高热 41℃以上，病程短促，卧地昏睡，呼吸急促，反刍停止。

（2）具有诊断价值的是，剖检时肝脏和脾脏有坏死性病灶。

（3）尸体静脉高度充血，全身皮下呈黑紫色。

（4）真胃幽门出血（图 8），腹腔积液，皮下软组织水肿。

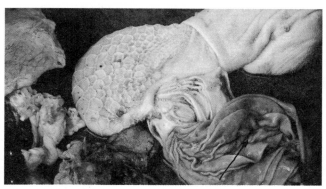

图 8　真胃出血

【防治方案】

（1）在易发地区，提前注射羊五联菌苗，及时驱除肝片吸虫。

（2）肌内注射青霉素160万单位，每天3次，连用2~3天。

（3）对贵重羊只可肌内或静脉注射抗诺维梭菌血清，每次40~60毫升，每天1次，连用2天。

（4）为了退热，可选用复方氨基比林10~20毫升，1次肌内注射。

【专家提示】

（1）在易发病季节，不要在低洼湿地放牧。

（2）在每年夏末进行1次预防性驱除肝片吸虫。

16. 土拉杆病

土拉杆病又称"野兔热"，是人畜共患传染病。病原是土拉费郎西杆菌，是一种革兰染色阴性的多形态细菌，多数呈球杆状，如精子样，无鞭毛、芽孢、荚膜，在土壤中可生存很长时间。以发热、淋巴结肿大、后躯麻痹、脾脏肿大甚至坏死为本病特征。

【流行特点】

（1）一般多在秋季散在发生，大流行见于洪水灾害之后。

（2）传染源为啮齿动物兔、鼠等，传播媒介主要是吸血昆虫，传播途径主要是通过污染的饲料和饮水，经消化道和皮肤损伤处感染。

（3）易感动物是各种家畜，人也可感染，其中绵羊易感性最强，羔羊死亡率最高，山羊很少发病。

【诊断要点】

（1）体温升高至41~42℃，后肢软弱，行走僵硬，垂头站立。

（2）体表淋巴结肿大，羔羊可视黏膜苍白，腹泻，兴奋与抑制交替出现，数小时即可死亡。

（3）剖检时皮肤感染处（虫咬伤）出血、水肿，并形成硬结，淋巴结肿大甚至化脓。

（4）最可靠的诊断是用土拉杆菌素0.2毫升注射于尾根下皮内，24小时后检查，如局部发红、肿胀为阳性，准确率85%左右。

【防治方案】

（1）在易流行地区发现可疑病例，应严格隔离消毒，消灭体外寄生虫。

（2）发现啮齿动物尸体要焚烧后深埋，并驱除啮齿动物。

（3）药物治疗首选硫酸链霉素，按每千克体重10~15毫克肌内注射，每天2次，连用5天。

【专家提示】

（1）凡接触本病可疑病例，应做好个人防护工作，严密隔离消毒，戴口罩、手套，穿工作衣。

（2）人患本病的症状是呈波浪热，头痛恶心，失眠，过度兴奋，淋巴结肿大，特别是颈部淋巴结肿大最明显。

17. 沙门杆菌病

沙门杆菌属可引起绵羊两种病，一是羔羊腹泻叫羔羊副伤寒；二是孕羊流产病。 病原的共同特征是：在外界分布广泛，血清学一致，革兰染色阴性，有鞭毛，抵抗力强，在自然界可长期存活。 引起孕羊流产的叫羊流产沙门杆菌，引起羔羊副伤寒病的叫都柏林沙门杆菌。

【流行特点】

（1）有明显季节性，羔羊副伤寒病多在夏末秋初流行，而孕羊流产多在寒冷季节，尤其春节前后。

（2）本病主要危害绵羊，各种年龄都可感染，但以孕羊和羔羊最易感。 病源是患该病病羊的排泄物，感染途径是消化道。

（3）羊群一旦发生本病，病程可拖延月余，接连不断发生。

【诊断要点】

（1）羔羊副伤寒主要危害 1 月龄内的羔羊，表现体温升高至 40~41℃，厌食，寒战，卧地不起，拉灰白带黏液性恶臭稀便，1~2 天死亡。 发病率 30%，而死亡率高达 50% 以上。

（2）孕羊流产病多发生于怀孕 2 个月的羊，表现体温升高，阴道有分泌物，腹痛努责，甚至腹泻，后来很快流产。

（3）剖检见羔羊心内外膜上有出血点，胃肠空虚，黏膜充血。 流产母羊呈急性子宫炎、充血、肿胀有坏死斑。

【防治方案】

（1）隔离治疗或淘汰处理病羊以去后患，消除传染源。

（2）珍贵羊隔离治疗时，可选用盐酸土霉素按每千克体重 10~15 毫克肌内注射。

（3）0.5% 环丙沙星按每千克体重 0.5 毫升 1 次肌内注射，每天 1 次，连用 3 天。

（4）羔羊可用氯霉素，按每千克体重 10~20 毫克内服，每天 1 次，连用 3 天。

【专家提示】病死羊千万不可食用，防止人吃后发生急性食物中毒。

18. 布氏杆菌病

布氏杆菌病为地方性人畜共患病。 病原体为羊型布氏杆菌，革兰染色阴性的细小球杆菌，无鞭毛，无芽孢。其中马耳他布氏杆菌感染人最多，病源是病羊的流产胎衣和胎儿。经消化道和皮肤损伤感染，牧羊人和兽医是首先受害者。本病特征是群发性流产、关节炎、睾丸炎和胎衣停滞。

【流行特点】

（1）本病呈地区性流行，连年发生，易感羊主要是适龄繁殖的青壮年羊。

（2）有逐年增加倾向，并且在人群中发生。

（3）通过被病羊污染的草场、牧草、饲料和饮水，经消化道感染，也可经皮肤、损伤黏膜、伤口感染。病羊污染的地面、粪土随灰尘飞扬经呼吸道也能感染。

（4）与病羊接触的人，如羊倌、收购羊毛员、厨师及市场牲畜交易员，都容易感染本病。

【诊断要点】

（1）种公羊睾丸肿大（图9），精索粗硬，睾丸上缩，不下垂，拱背，行走疼痛，走路困难。

图9　公羊睾丸肿大

（2）初配怀孕羊(头胎)发生流产占30%以上，流产时间多在怀孕后80～110天。

（3）多数病羊出现胎衣不下和四肢游走性疼痛跛行。

（4）流产前多从阴道流出黄色分泌物，并有连续流产2～3胎次。

（5）奶羊常见流产前发生乳房炎，乳汁中有絮状物，乳房硬肿（图10）。

【防治方案】

（1）定期进行全面检疫，对检出的阳性羊进行扑杀和无害化处理，消除病根。

图 10　乳房硬肿

（2）免疫接种，对当年所产羔羊进行检疫，阴性羊用羊型 5 号弱毒苗接种。 对成年羊，连续接种 2 年后停止接种即可。

【专家提示】因本病多呈隐性感染，流行病学、临床表现、病理剖检只能做初诊，确诊需做细菌学和血清学检查。

19. 弧菌性流产病

弧菌性流产病又叫"弯曲杆菌病"，是绵羊的传染性流产病。病原是胎儿弯杆菌，革兰染色阴性的细长弯杆菌，能运动，不能形成芽孢和荚膜，60℃加热 5 分钟可杀死。 以绵羊久配不孕和孕后 3 个月流产为特征。

【流行特点】

（1）患本病的病羊为传染源，传播途径主要是消化道，呈地方性流行。 流产胎儿、胎衣及场地污染物、饲草、饮水、用具是传播媒介。

（2）在一个羊群流行 1～2 年后会自然平息，间隔 1～2 年后又重新出现本病流行。

【诊断要点】

（1）屡配不孕，发情持续期延长，孕 3 个月后流产是本病的主要表现。

（2）流产率最高达 70%，而且没有流产先兆。 流产后没有后遗症，如子宫炎和阴道炎等，大多数流产后迅速康复。

【防治方案】

（1）淘汰种公羊。

（2）用弧菌灭活菌苗进行预防注射有效。

【专家提示】准确诊断需做细菌学鉴定和分离培养。

20. 羊炭疽

羊炭疽是急性、败血性传染病。 病原为炭疽杆菌，该菌为革兰染色阳性大杆菌，菌体两端平齐，多个连在一起像竹节样，有荚膜，在体外可形成芽孢。 病羊是主要传染源。 传染途径是消化道、呼吸道及吸血昆虫叮咬。

【流行特点】

（1）呈散发或地方性流行，多见于夏天洪水后发生，易感动物很多，人亦可感染。

（2）炭疽芽孢在外界形成芽孢后，抵抗力很强，可存活多年。

【诊断要点】

（1）突然发病，体温达 42℃以上，精神高度沉郁，呼吸困难，全身发抖，可视黏膜发绀，口吐白沫，肛门、阴门流血，且血液不凝固，会很快死亡。

（2）病情缓慢时兴奋不安，行走摇摆，呼吸加快，天然孔出血，多在 1 天内死亡（菌血症）。

（3）尸检特征是：腹部极度臌胀，天然孔出血，尸僵不全，血管中血如酱油样。

【防治方案】可疑病例立即上报有关部门，做好隔离，不宜治疗。

【专家提示】对可疑病羊的尸体，严禁剖检，应焚烧后深埋。

21. 羊钩端螺旋体病

羊钩端螺旋体病是由钩端螺旋体引起的羊病。 病原特点是镜检呈纤细形状，一端或两端弯曲成钩，无鞭毛，能运动。 感染后主要特征是贫血、血尿、黄疸，皮肤有坏死斑。

【流行特点】

（1）有明显季节性和地区性，多发生在夏季高温多雨、潮湿地区。

（2）为人畜共患病，多种家畜均易感染，主要传染源是猪和鼠。

（3）传播途径主要是消化道、皮肤黏膜。

【诊断要点】

（1）最急性：体温升高至 40~41℃，先便秘，后拉稀，出现血尿，鼻、唇黏膜坏死，孕羊流产，可视黏膜黄染。 多在 1~2 天内死亡。

（2）亚急性：病程发展缓慢，食欲不振，体温升高 1~2 天又恢复正常，眼结膜发炎，大量流鼻涕，皮肤局部坏死呈黑青块。

（3）慢性：病程长达 1 个月，食欲时好时坏，便秘与腹泻交替出现，日渐消瘦。

【防治方案】

（1）发现可疑病例，应立即采取隔离措施，整个羊群远离沼泽地区，消灭吸血昆虫及鼠类。

（2）为了控制体温过高，可用柴胡注射液 10 毫升、地塞米松 4 毫升 1 次肌内注射。

（3）选用抗生素注射，先锋霉素 0.5 克、5%葡萄糖 250 毫升 1 次静脉滴注，1 天 1 次，连用 3 天。

22. 破伤风

破伤风是由破伤风梭菌引起的一种中毒性传染病，又叫"干痂风"。 病原是破伤风梭菌，革兰染色阳性，有芽孢，有鞭毛，能运动的厌氧菌。 广泛分布在粪便和尘土中，感染途径是创伤口和断脐。 常见于剪毛、去势、角折、打耳号、分娩、手术等外伤感染。 特征是全身骨骼肌呈现持续性痉挛性抽搐，同时感觉过敏，对光、声极敏感。

【发病机制】易感染破伤风的外伤，一般是创面并不大，而创伤深入组织内部，如尖锐物刺伤，特点是外口小而内部损伤深，由于外口小易闭合，创伤内部易形成缺氧环境，给破伤风梭菌一个适合繁殖生长的环境，于是破伤风梭菌就能大量繁殖并产生大量溶血素和横纹肌痉挛素，最后形成全身性致死性中毒症。

【诊断要点】

（1）病羊牙关紧闭，嘴开张困难，瞬膜外露，口流涎沫。

（2）尾巴屈曲或强直不动，腹围紧缩，毛焦吊胀，双耳硬直。

（3）四肢强直如"木马样"，行走困难。

（4）对声音极敏感，稍有声响即出现全身性强直痉挛。

（5）对光线也极敏感，若遇阳光、灯光即出现眼斜、瞬膜外露（翻白眼）。

（6）病至后期全身出汗，体温升高至 41℃ 以上，心跳快速，倒地即死亡。

【防治方案】

（1）寻找病因、病灶和创伤位置，进行扩创，清理除去脓疮异物。 首先用双氧水反复灌注，然后用 5%浓碘酊灌注创腔内。 最后在创腔内填塞生石灰。

（2）立即用破伤风抗毒素 5 万单位静脉推注，然后用 3 万单位皮下注射，再用 2 万单位注入脊髓管外腔（枕骨大孔处或百会穴处）。

（3）内服草药：当归 20 克、红花 10 克、全蝎 20 克、天麻 20 克、荆芥 20 克、防风 20 克，煎汁灌服，每天 1 次，连服 3 剂。

23. 口蹄疫

口蹄疫是一种急性、热性、高度接触性传染病。 主要危害牛、羊、猪，人亦可感染，儿童最易感。 口腔出现弥漫性水疱，硬腭、蹄叉和蹄冠也出现水疱，这都是本病的主要病理变化特征。

【流行特点】

（1）一年四季均可发生，但寒冷季节易流行。 传染源为病畜，主要靠接触感染。

（2）传播途径主要是病毒污染的车、船、工具，饲养管理人员，以及被污染的用具、衣物等。

（3）各种年龄的羊都能感染，发病率在80%以上，死亡率占发病率的5%左右，多数呈良性经过。

【诊断要点】

（1）病羊体温升高至40℃以上，流口水，2~3天后口腔发炎，蹄叉、乳房、尾下出现水疱（图11）。

图11 口、鼻及蹄部出现水疱

（2）孕羊会出现流产，奶羊产奶量下降，吃草困难，口腔疼痛。

（3）最明显的症状是运动时出现跛行。

（4）严重时蹄壳会脱落（尤其病后被圈舍的粪水污染蹄部）。

（5）病至后期，个别羊会突然病情恶化而死亡（多数由心肌炎引起）。

【防治方案】

（1）病后加强饲养管理，停止放牧，进行舍饲，防热，防寒，防潮湿，保持圈舍干燥。及时清除粪便，并立即上报疫情，做好隔离消毒工作。

（2）对受本病威胁区的羊，应立即用双价苗进行预防注射。

【专家提示】

（1）对怀孕母羊忌用口蹄疫双价苗注射，以防引起流产。

（2）儿童禁止接近病羊，以防感染。

24. 狂犬病

狂犬病俗称"疯狗病"，是由患狂犬病的狗咬伤引起的。病原是狂犬病病毒。羊患本病后，以不停鸣叫和性欲亢进为特征。

【流行特点】

（1）本病呈散发，由带狂犬病病毒的动物咬伤而引起，狂犬病病毒主要存在于神经组织和唾液腺中。

（2）狂犬病病毒的宿主是病犬和蝙蝠。 传播途径是接触含毒的唾液和污染物、喷嚏气雾，尤其被狗、蝙蝠咬伤均可感染。

【诊断要点】

（1）本病的潜伏期很长，从被狗咬伤至发病长达 20~60 天。

（2）羊患本病基本没有兴奋期，病初精神沉郁，然后出现不安、鸣叫，并自咬身体表面，甚至将皮肤咬烂。

（3）经常打喷嚏，不停鸣叫，前肢扒地，性欲亢进，好爬跨其他羊。

（4）病至后期，出现后躯麻痹，病程 3~5 天，死亡率达 100%。

【防治方案】

（1）当发现本地区有狂犬病存在时，应及时进行狂犬病疫苗注射。

（2）一旦发现羊被犬咬伤，应立即注射狂犬病血清，按照该血清使用说明书足量、足够次数进行。

25. 放线菌病

放线菌病是一种常见的、非接触性传染病。 病原为林氏放线杆菌，无鞭毛和芽孢，革兰染色阴性。 以在皮肤松软处如下颌、颈部和耳下等处出现慢性脓肿为特征。

【流行特点】

（1）本病发生有区域性，常发生在低洼潮湿地区。

（2）主要危害 1 岁以内的青年羊，老龄羊和羔羊很少见。

（3）采食有芒麦壳最易发生本病。

（4）呈散发，病程长，达数周以上。

【诊断要点】

（1）在头颈部出现一个或数个大小不一、枣样大小的脓疱，初期坚硬，后变软化脓，日久破溃。

（2）切开脓疱流出稀薄脓汁，如小米汤样。

（3）放线菌肿生长在舌和耳根下腮腺处，会表现采食困难，大量流涎。

（4）自然破溃的放线菌肿会形成久不愈合的溃疡面。

【防治方案】

（1）初期肿胀处坚硬，可采取封闭疗法，即用青霉素 80 万单位、链霉素 50 万单位、0.25% 奴佛卡因 20 毫升，注射在肿胀四周。

（2）若放线菌肿生长在无大血管和神经干处，而且是单个存在，并且尚未软化时，可采取手术剥离摘除治疗。

（3）若已经化脓，表现肿胀，中央皮肤变薄，内有波动感，可采取切开脓疱排除脓液，用2%来苏儿反复冲洗创腔，最后用碘酊纱布填塞即可。

（4）若放线菌肿生长在舌体上，表现舌肿甚至舌伸出口外，采食困难，这时可首先用小宽针穿刺肿胀部放出毒水，然后用青霉素、链霉素各80万单位，注射用水10毫升，从颌下间隙注入舌体。

（5）防止羊采食麦芒和用有芒麦糠喂羊。

26. 出血性肠炎

出血性肠炎又叫"血痢"，是奶山羊的一种急性出血性肠炎。病原为B型魏氏梭状芽孢杆菌，有鞭毛，能运动，可形成荚膜和芽孢，革兰染色阳性，存在于病羊的粪便中。

【流行特点】

（1）本病在每年夏末成群发生，发病率为40%，死亡率为30%。

（2）经粪便及其被污染物传播。传播途径是消化道。

【诊断要点】

（1）病初即出现食欲废绝，渴欲增加，精神沉闷，落于群后，或独居一隅。

（2）1天后即出现剧烈性下痢，粪便呈西红柿水样，并含有胶冻样褐色块状物。

（3）病程很短，病后1~3天死亡。

（4）剖检见腹腔有浆液性渗出物，小肠充血、出血，外观呈红色，肠黏膜脱落，并有灰色坏死斑点。

【防治方案】

（1）首选本病抗毒血清注射。

（2）复方新诺明按每千克体重0.1克1次内服，每天2次，维持量减半。

【专家提示】内服药物最好配伍小苏打。

27. 类鼻疽

类鼻疽是由吕氏杆菌引起的人畜共患传染病，该病原菌极似马鼻疽杆菌而得名，无芽孢和荚膜，有鞭毛，并且鞭毛在菌体一端，能活泼运动，革兰染色阴性。以跛行和睾丸、乳房皮肤上出现硬结节为特征。

【流行特点】

（1）传染源是田鼠和家鼠，可经消化道感染，也可经吸血昆虫传播。

（2）羔羊发病率最高，成年羊次之，山羊比绵羊感染率高。

【诊断要点】

（1）呈急热性发病经过，体温先升高至 40～41℃，寒战，落于群后，采食大减。

（2）阵发性、剧烈性咳嗽。

（3）四肢关节肿大，甚至化脓、严重跛行。

（4）睾丸和乳房上出现结节性硬块。

（5）流浆液性带血鼻涕，鼻腔内黏膜充血发炎。

（6）剖检见肝脏和肺的实质上有脓性结节，甚至形成脓疱。

【防治方案】病初用硫酸卡那霉素按每千克体重 15 毫克 1 次肌内注射，1 天 2 次，连用 5 天。

【专家提示】

（1）凡接触可疑病羊都应严加防范，做好隔离消毒，防止人被感染，尤其儿童。

（2）若是奶山羊发病，应立即淘汰，扑杀深埋。

28. 肉毒梭菌病

肉毒梭菌病又称"羊大胆病"。病原是 C 型肉毒梭菌，为单个存在的大型杆菌，无荚膜，有芽孢和鞭毛，革兰染色阳性。以神经紊乱、尾巴不停摇动、胆囊高度肿大为特征。

【流行特点】

（1）本病发生有季节性，多在枯草季节流行，如冬季和春初。呈散发性流行。

（2）绵羊发病率最高，山羊很少发生，羔羊不会感染。

【诊断要点】

（1）突然发病，很快死亡，故有"急死病"之称。

（2）成年绵羊且膘情好的羊首先发生本病。

（3）个别慢性病例表现兴奋不安，共济失调，尾巴不停摇动等症状。

（4）采食困难，下唇麻痹，舌尖露出口外，体温偏低。

（5）剖检见肝脏肿大，胆囊充满胆汁并外渗，其周围染成黄色，第三胃（百叶胃）干结阻塞（图 12）。

【防治方案】

（1）首先用醋酸可的松 50 毫克 1 次肌内注射，然后用 10%磺胺嘧啶钠按每千克体重 0.07 克混入 5%葡萄糖中 1 次静脉注射，1 天 1 次，连用 3 天。

（2）氟哌酸胶囊 1～3 粒，1 次内服，每天 1 次，连用 3 天。

【专家提示】为了确诊，可取肺部病变料（无菌操作）接种在血清马丁琼脂培养

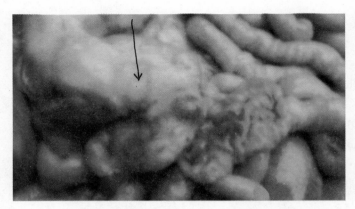

图 12　第三胃干结阻塞,小肠黏膜充血、出血

基上,恒温培养 48 小时后,如出现绿色菌落,即可确诊。

29. 山羊猝死病

山羊猝死病呈地方性流行。　病原为克雷杆菌,为不能运动、有荚膜的多形杆菌。　革兰染色阴性。　以突然发病、很快死亡为特征。

【流行特点】

(1)多发生在每年 1~5 月,病初表现精神沉郁,口流黏液,呼吸迫促。

(2)可视黏膜苍白,鼻孔流白色稀涕。

(3)个别羊出现拉稀和腹痛不安。

(4)母羊常见从阴道流出分泌物。

(5)在气候寒冷,营养不良,缺乏饲草的情况下最易发病。

【诊断要点】

(1)病初精神沉郁,不爱活动,常落于群后或独居一隅。

(2)可视黏膜苍白,口流黏涎,呼吸迫促。

(3)鼻流白色稀涕,拉稀糊状粪便,有时腹痛不安。

(4)母羊常见从阴道流出分泌物。

(5)病程很短,发病到死亡 1~2 天。

(6)剖检见主要是肺、子宫、乳房充血肿胀。

【防治方案】

(1)盐酸土霉素 1 克溶于 5% 葡萄糖中,1 次静脉注射。

(2)氢化可的松 50 毫克,1 次肌内注射。

【专家提示】本病为人畜共患传染病,应严加防范,尤其不能接触病羊。　严格做好隔离消毒,尸体消毒深埋,千万不可食用。

30. 细菌性脑炎

细菌性脑炎是兽疫链球菌引起的大脑蛛网膜的急性炎症。兽疫链球菌有荚膜，呈双球或短链状，革兰染色阳性。以急性严重的脑神经紊乱为特征。

【流行特点】

（1）病原存在于病羊的排泄物和血液中，经消化道和呼吸道以及昆虫叮咬感染。

（2）呈群发性，很少单个发生，发病急，症状严重。

【诊断要点】

（1）突然发病，食欲停止，精神沉郁，呆立一隅，两前肢交叉姿势，行走不稳，共济失调。

（2）有时无目的地转圈，有时在行走过程中遇到障碍物时，头顶墙不动，甚至两后肢用力蹬，有时突然向前方奔跑。

（3）体温升高至 40~41℃，数天不下降。

（4）临死前鸣叫，角弓反张。

【防治方案】

（1）病初选用青霉素 240 万单位，链霉素 100 万单位，注射用水 10 毫升，1 次肌内注射，1 天 3 次，直至病愈停止。

（2）10%磺胺嘧啶按每千克体重 0.07 克，1 次静脉注射，1 天 1 次，连注 3 天。

（3）石膏 20 克、朱砂 5 克、天南星 20 克，水煎，1 次灌服。

31. 伪狂犬病

伪狂犬病是由病毒引起的急性、致死性传染病。病原属疱疹病毒，该病毒抵抗力很强，可在常温下存活 30 天，易感动物很多，包括偶蹄兽、猫科动物、兔、鼠等。以体表局部出现奇痒和神经紊乱为特征。

【流行特点】鼠类是本病的主要传染源。笔者曾遇到一农户（深山独居）家先是鼠出现不明原因的死亡，紧接着山羊病死，1 周后猫又病死，猪也患病而死，最后牛也患怪病，经诊断为牛伪狂犬病。

【诊断要点】

（1）病初精神沉郁，食欲大减，下颌咬肌处肿胀，用头摩擦肿胀发痒处。若肿胀处在颈部以后时常不停勾头啃咬痒处，直至啃得毛落、皮开肉烂。

（2）发病后 4~6 天出现兴奋不安，无目的到处乱跑，最后虚脱倒地呈游泳状，很快死亡，死亡率 100%。

（3）有区域性，易感动物连续发病，死亡现象严重。

【防治方案】

（1）发现确诊病羊应淘汰深埋、消毒，防止疫情扩散。

（2）对受威胁羊只应立即进行伪狂犬疫苗注射，效果可靠。

32. 流行性腹泻

流行性腹泻为新近确诊的人畜共患传染病，以群发性、季节性流行病和水样腹泻为本病特征。 病原为呼肠孤病毒科轮状病毒属，成熟的病毒像车轮状而得名。

【流行特点】

（1）本病多在冬季流行，老疫区几乎每年发生一次。

（2）成年羊尤其山羊，多呈良性经过，3~4 天自愈。

（3）羔羊尤其绵羊羔，症状严重，死亡率在 30%左右。

（4）发病突然，呈大流行，发病率在 80%以上。

【诊断要点】

（1）病初精神不好，但食欲不减。 腹围增大，似肠臌气。

（2）病后 24 小时即出现水样腹泻，粪呈黑褐色且混有血丝。

（3）体温始终不高，多数偏低。

（4）奶山羊除腹泻外，产奶量下降，甚至停止泌乳。

【防治方案】

（1）腐殖酸钠、小苏打各 15 克拌饲或灌服，1 天 1 次，连服 2 天，羔羊用量酌减。

（2）羔羊可趁渴欲增加时给足够的口服补液盐，让其自饮，效果很好。 其配方是：氯化钠 3.5 克、氯化钾 1.5 克、碳酸氢钠 2.5 克、葡萄糖 20 克、水 1 000 毫升。

（3）成年羊选用盐酸左旋咪唑，每只羊 1 次内服 100 毫克，1 天 1 次，连服 3 天。

33. 山羊乙型脑炎

山羊乙型脑炎是由日本脑炎病毒引起的人畜共患传染病。 该病毒能在蚊子体内越冬，故伊蚊和按蚊不仅是本病的传播者，也是储存宿主。 以口唇麻痹、视力减退或失明为特征。

【流行特点】

（1）本病多在 7~9 月蚊子滋生旺季流行。

（2）呈散发，发病率不高，但死亡率达 80%以上。

【诊断要点】

（1）染病后，首先体温升高至 40~41℃。 渴欲增加，食欲大减。

（2）全身僵硬，大量流涎，嘴唇麻痹下垂，全身发抖，双目失明。

（3）精神沉郁，口中衔草而不知咀嚼，最后全身麻痹而死亡。

（4）病程 4~5 天，临死时角弓反张。

(5)剖检见大脑呈非化脓性炎症、充血和出血。

【防治方案】

(1)及时消灭蚊子,尤其是越冬蚊子,可大大减少本病流行。

(2)在疫区要定期接种乙脑疫苗。

(3)中药方法:黄连、郁金、黄芩各 10 克,牛黄 100 毫克,朱砂 100 毫克共研末灌服,1 天 1 次,连服 3 天。

(4)盐酸左旋咪唑 100 毫克 1 次灌服,1 天 1 次,连服 3 天。

【专家提示】因本病人也易感,故要严加防范,注意灭蚊、隔离、消毒工作。

34. 山羊关节性脑炎

山羊关节性脑炎是由反录病毒属的维斯纳病毒引起的脑脊髓白质炎,维斯纳病毒为嗜神经型、慢性病毒的一种。以前肢关节发炎肿大、后肢走路摇摆为特征。

【流行特点】本病主要发生于 2~4 月龄的山羊羔,成年羊不出现临床症状,但它是传染源,成年羊的初乳及其乳制品也带病毒。

【诊断要点】

(1)羔羊病初哺乳不欢,常打喷嚏和咳嗽,经常磨牙,有时摇头。

(2)个别羊关节肿大,常跪着走,身躯摇摆,严重时后躯麻痹拖地而行(图13)。

图 13 前肢腕关节肿大僵硬

(3)剖检见中枢神经系统的白质脱鞘和坏死。

(4)本病病毒在抗原上与梅迪病毒(嗜肺性病毒)有交叉反应。

【防治方案】疫区的新生羔羊落地后立即母仔隔离,不让羔羊吃初乳,改喂新鲜牛奶,可杜绝本病发生。

35. 蜱媒病毒病

蜱媒病毒病是由吸血昆虫蜱作为传播媒介，传染给羊的一种脑脊髓炎病。属此类病的还有羊跳跃病、羔羊瘫痪、驴跑病和心水病，该类病属败血（全嗜血）病毒，存在于血液中，以神经紊乱、运动失调为共同特征。

【流行特点】

（1）发病有明显的季节性，多在每年 4~6 月（蜱大量滋生繁殖时期）发生。

（2）传播媒介为蓖麻子蜱和扁头蜱。

（3）成年羊发病率高，尤其绵羊发病率在 30% 左右。

【诊断要点】

（1）病初体温升高至 41~42℃，呈双相热，精神高度沉郁，全身发抖。

（2）口腔、尾根有出血点，2~3 天后体温下降，兴奋不安，目光凝视，神经紊乱。约 1 周后，体温又开始升高，并出现神经高度沉郁，呈昏迷状，运动失调，头向一侧弯曲，走路跳跃，咬肌痉挛，耳朵扇动，眼球震颤。

（3）可视黏膜高度贫血，心跳加快，最后卧地，很难站立。

【防治方案】

（1）最有效的办法是提前驱杀蜱虫，可防止本病传播。

（2）对可疑病羊，一经确诊应立即隔离、消毒，最好捕杀深埋。

【专家提示】本病人也可感染，应做好人体防护，接触病羊时，要严格穿着隔离衣。

36. 瘙痒病

瘙痒病又叫慢性病毒病，潜伏期很长，达数年之久。病原由一种没有核酸的疏水蛋白质组成，抵抗力极强，煮沸 30 分钟不能灭活。以全身皮肤瘙痒为特征。

【流行特点】

（1）感染本病的方式有两种：一是水平传染，即采食死亡病畜尸体内脏，尤其脑髓组织，经消化道感染；二是垂直感染，经子宫传给后代。

（2）易感动物有羊类，山羊、绵羊、奶羊、牛均可感染，人也可感染。与牛的疯牛病有相关性。

（3）呈散发，慢性流行。

【诊断要点】

（1）病初表现惊恐，随着病情加重，出现运动异常，共济失调，日渐消瘦。

（2）皮肤出现奇痒，因擦痒常将羊毛拭掉。

（3）兴奋与沉郁交替出现，眼球震颤。

【防治方案】为不治之症，只有防止疫情传入。对可疑病羊应扑杀深埋，严格消毒。 防止其他动物偷吃。 尸体上撒布石灰。

37. 传染性鼻气管炎

传染性鼻气管炎是由卡他病毒引起的急性传染病，病原属疱疹病毒。 易感动物除羊类外，还有牛和鹿。 以大量流浆液性稀鼻涕和连续性咳嗽、外阴水肿为特征。

【流行特点】

（1）因该病毒耐寒怕热，故该病多在冬季流行。

（2）绵羊发病率高，山羊次之，绵羊羔发病率最高，而且症状严重，死亡率高达80%以上。

【诊断要点】

（1）群羊突然出现体温升高至40~41℃。

（2）全身发抖，连声咳嗽，鼻孔流涕，初为浆液性，后期呈黏稠性。

（3）眼结膜充血肿胀，个别成年羊发喘，而羔羊呈严重性肺炎和呼吸困难。

【防治方案】目前尚无可靠药物治疗和疫苗应用，只有加强检疫工作，防止疫情传入。

38. 山羊肺腺瘤病

山羊肺腺瘤病是由疱疹病毒属肺腺瘤病毒引起的慢性传染病。 以肺上皮细胞出现增生性腺瘤、经常咳嗽和进行性消瘦为特征。

【流行特点】本病呈慢性经过，散发性，很少大流行。 多见于成年羊，羔羊很少发病。

【诊断要点】

（1）常在剧烈运动后，出现咳嗽和呼吸困难。

（2）采食正常，但日渐消瘦。

（3）可视黏膜贫血。

（4）每逢病羊低头时会从鼻孔中流出大量浆液性鼻涕。

【防治方案】

（1）目前尚无有效治疗方法，本病一经发现，很难根除病原。 主要做好疫情监测，防止本病从境外传入。

（2）若发现可疑病例，应采取扑杀深埋。

39. 羊传染性结膜角膜炎

羊传染性结膜角膜炎又叫羊"红眼病"，病原为衣原体和立克次体以及嗜血杆菌引起的混合感染，以眼结膜高度充血、大量流眼泪及角膜混浊为特征。

【流行特点】

（1）多在高温、高湿、多雨的夏、秋季流行。

（2）感染方式主要是接触感染，蝇也是传播媒介。

（3）主要病原与羔羊多发性关节炎的病原体在抗原上有相关性，但牛、羊之间不互相交叉感染。

【诊断要点】

（1）呈大流行，不分类别、年龄、性别，均可同时发病，感染率在80%以上。

（2）病初全眼高度充血发炎、浮肿、流泪、羞明；2~3天后，角膜呈蓝色，后变成白色，角膜中央形成黄色带状浸润；7~10天后，角膜混浊消退，恢复视力。

（3）少数羊会出现关节炎和跛行。

【防治方案】

（1）病初用2%硼酸水冲洗眼，然后再用硫酸卡那霉素和副肾上腺素混合点眼，每天1次，连续进行3天，这样可大大缩短病程，减轻症状。

（2）新鲜大蓟头洗净后，用四层纱布包住压挤出汁液点眼，有良效。

（3）选用10%磺胺嘧啶10毫升，病毒唑注射液4毫升混合点眼，每天2次，也很有效。

40. 羊瘭疽

羊瘭疽又叫"坏死性皮炎"，病原是嗜上皮病毒，为人畜共患病，以羊蹄叉出现大型"毒水疱"，后化脓坏死为特征。

【流行特点】

（1）多在夏季呈流行性发生，发病率60%，但死亡率极低，呈良性经过。基本不影响饮食欲。

（2）成年羊发病率高，羔羊次之；绵羊发病率最高，山羊次之。

【诊断要点】

（1）病初仅出现短暂发热，2~3天后，仅在蹄叉及头部皮肤出现蓖麻子大小的水疱，后形成脓疱，脓疱破裂，变成干性黑色坏死斑。

（2）病程很长，30天左右皮肤坏死斑才能愈合。

【防治方案】

（1）有条件的地方可自制灭活苗，在冬季进行提前预防注射（该病毒抵抗力强，可自然长期保存）。

（2）无条件的偏僻深山区只有及时淘汰可疑病羊，扑杀、深埋、消毒。

41. 奶羊巴氏杆菌病

奶羊巴氏杆菌病是由多杀性巴氏杆菌引起的奶羊出血性败血症，简称"奶羊出败"。 病原特点是菌体两端钝圆，无芽孢和鞭毛，两极着色，革兰染色阴性。 以腹泻和粪中混有大量肠脱落的黏膜为特征。

【流行特点】

（1）不分季节，一年四季都发生，但以冬、春季多发生。

（2）散发，很少大流行，气候突变，天气恶劣，饲养管理失误时发生较多。

【诊断要点】

（1）病初体温升高至41℃以上，寒战，口腔干热潮红，咳嗽，鼻腔有少量黏稠鼻涕，鼻、眼严重水肿，舌肿呈紫红色。

（2）排粪次数增多，粪不成球，稀粪中混有大量黏液和血丝，眼结膜有出血点。

（3）严重时下痢，粪中含有脓性样物。

（4）剖检见内脏表面有出血点，肝脏肿大，淋巴结肿大有出血现象（图14）。

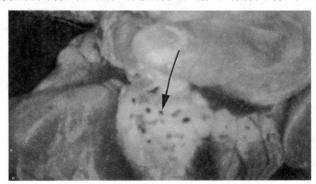

图14　内脏有出血点，尤其心包膜，肝脏肿大

【防治方案】

（1）抗生素治疗：青霉素240万单位、链霉素100万单位、注射用水10毫升1次肌内注射，1天2次，连用3~4天。

（2）新诺明每千克体重0.07克，1次内服，1天1次，连服5天，维持量减半。

【专家提示】羊巴氏杆菌病快诊：无菌抽取肿胀处水肿液涂片，瑞氏染色镜检可见有两极着色的细小杆菌即可确诊。

42. 葡萄球菌病

葡萄球菌是自然界分布最广的致病菌，所以引起本菌感染机会多，本菌镜检时呈球形，有单个存在，多少成堆，如葡萄串样，革兰染色阳性。 以体表、皮肤和肌肉出现结节性化脓疱为特征。

【流行特点】

（1）感染途径主要是皮肤外伤、手术创伤、阉割、打耳号、断脐，甚至蚊蝇叮咬都可感染。

（2）被感染局部出现红、肿、热、痛，功能障碍，懒得活动，落于群后。

（3）肿胀部先是硬肿，后肿部顶端软化，突出皮肤表面，最后顶端破裂，流出白色脓液，以后结痂愈合（图15）。

图 15　皮肤上出现似脓性节肿

（4）若抗菌不及时，全身感染，严重时会引起菌血症，体温升高，危及生命。

（5）羔羊感染后，会出现关节囊、胸软骨以及内脏脓性病灶。表现体温高、黄疸、跛行、食欲大减，日渐消瘦。

（6）剖检见内脏有坏死病灶，如肝脓肿，所以称该病为"肝子病"。

【防治方案】

（1）青霉素 240 万单位、注射用水 5 毫升，1 次肌内注射，1 天 2 次，连用 4 天。

（2）对已形成脓疱的病例，应切开排脓，用 2%来苏儿水冲洗脓腔，填敷消炎粉。

（3）对有全身感染和体温升高、厌食病例，应立即用 5%糖盐水，加 4 倍量青霉素进行静脉滴注，1 天 1 次，连注 3 天。

43. 绿脓杆菌病

绿脓杆菌在自然界分布很广，感染机会多，病原为中等大小的杆菌，有鞭毛，能运动，革兰染色阴性，在培养基上能很快形成蓝绿色色素。以顽固性咳嗽和拉绿色稀便为特征。

【流行特点】

（1）感染途径主要是呼吸道和泌尿道、烧伤和久治不愈合的溃疡面。

（2）根据笔者经验，在夏季羊群被猛雨（雷阵雨）淋湿后立即上圈合群，羊只挤在一起在外界高湿且高温情况下也可诱发本病。

【诊断要点】

（1）病初发热，体温达 40～41℃，咳嗽，流浆液性鼻涕，食欲、反刍停止，拉黄绿色稀便（图 16）。

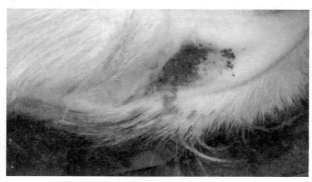

图 16　病羊拉绿色稀便

（2）精神高度沉郁，呼吸迫促，心跳快而弱。

（3）严重时出现败血症，可视黏膜有出血点。

（4）剖检见皮下疏松结缔组织有出血点，大肠黏膜、心冠有出血点（图 17、图 18），肝肿大，肺的心叶和尖叶出现实变硬化，实变部有绿豆大结节，结节质地坚硬，切面淡黄，肠系膜淋巴结肿大。

【防治方案】

（1）丁胺卡那霉素每千克体重 10 毫克，1 次肌内注射，1 天 2 次。

（2）庆大霉素每千克体重 1.5 毫克，加入 5%葡萄糖水中静脉注射。

图 17　大肠黏膜有出血点

图 18　心冠有出血点

44. 羊传染性关节炎

羊传染性关节炎是由多发性关节炎衣原体引起的幼龄羊传染病，病原为短细呈丝状寄生在细胞内的微生物，不能在培养基上生长。以高热、关节肿胀、严重跛行为特征。

【流行特点】

（1）本病发生没有季节性，一年四季均可发生。主要发生于2~5月龄的小羊。

（2）传染源为患本病动物的尿液、眼泪及分泌物。

（3）传染方式是接触性传播，可经消化道和呼吸道感染。

【诊断要点】

（1）病初体温升高至40~41℃，表现四肢僵硬，眼球抽搐，头颈歪斜。

（2）四肢关节肿大，以腕关节最严重，剧烈疼痛，不敢走动。

（3）耐过羊只长期关节肿而不消，群众称其为"大膝盖羊"。

（4）肩前淋巴结和胸前淋巴结肿大。

【防治方案】

（1）在疫区（本病发生过的羊群），为了防止垂直感染，母羊产羔后，立即将母仔分开，羔羊喂巴氏消毒过的初乳。

（2）利福平0.1~0.5克，1次内服，1天1次，连服5天。

【专家提示】本病病原与鹦鹉热同源，凡养羊户应注意避免鸟粪便接近羊舍。

45. 山羊钱癣

山羊钱癣又叫"脱毛癣"，是小孢子真菌引起的皮肤病，以皮肤出现钱币样孤立的圆形脱毛斑为特征。

【流行特点】

（1）发病有季节性，多在秋冬时节发生，病程长达数周。

（2）直接接触感染，也可通过污染的饲养工具和畜产品传播。

（3）易感动物很多，人也可感染，尤其专业从事畜牧业工作者。

【诊断要点】

（1）病初首先在头部、颈侧、局部皮肤出现大小不一的点状突起，然后逐渐向四周扩展形成圆斑，如硬币样大小不一的皮毛脱落。

（2）病斑上面覆盖一层灰白色或白色皮屑。

（3）几乎没有疼痛感和摩擦病变现象。

【防治方案】

（1）用3%来苏儿水冲洗患部后，涂擦5%碘酊，1天1次，直至痊愈。

（2）苯酚5克、敌百虫5克、水杨酸5克、凡士林100克，均匀调和成软膏涂擦患处，1天1次，连涂5天。

【专家提示】本病对人有感染性，在治疗时应严加防护和消毒，防止人被感染。

46. 白色念珠菌性肠炎

白色念珠菌性肠炎是由真菌属白色念珠菌引起的肠道疾病。病原为类酵母样真菌。以腹泻如水样黑绿色粪便和体温低为特征。

【流行特点】

（1）当反复长期应用抗生素后，引起共生菌失调时易发生本病。

（2）圈舍卫生条件差，饲料短缺，营养不良，可诱发本病。

【诊断要点】

（1）病初食欲下降，懒得活动，落于群后或独自呆立。

（2）持续性下痢，尾部和后腿被稀粪污染而黏结成块。

（3）日渐消瘦，可视黏膜苍白，口腔大量流涎，四肢软弱，行走困难，尿少而黄，有时腹痛不安。

（4）体温多在38℃左右，病到后期卧地难站起，最后昏迷而死亡。

（5）剖检见肌肉萎缩，皮下组织苍白，有出血点和胶冻样浸润，心外膜有出血点，肾脏肿大有出血点，小肠黏膜充血有白色坏死点，大肠黏膜附着有大小不一的黄色坏死点和伪膜样坏死病灶。

【防治方案】

（1）首先用克霉唑0.5~1克1次内服，1天2次，连服3天。

（2）用1%硫酸铜溶液按每千克体重1毫升1次内服，只服1次即可。

【专家提示】快速确诊法：取直肠粪便少许置于载玻片上，滴一滴乳酸甘油搅拌混合后，盖上盖玻片，放在低倍镜下镜检，可看到菌丝和孢子，即可确诊。

三、寄生虫病

1. 肝片吸虫病

肝片吸虫病是因羊采食沿河、水库、沼泽地边的水草上附着的螺而引起的寄生虫病。病原体呈柳树叶状红褐色，见于肝内和胆管中，以贫血、黄疸、消瘦和下颌水肿为特征。

【流行特点】

(1)有区域性，凡有螺存在的河湖沼泽地区，都有本病存在。

(2)有季节性，多在夏末秋初感染，入冬后出现症状和死亡。

(3)青年羊感染严重，几乎达80%，死亡率高达40%。

【诊断要点】

(1)夏末出现大批羊食欲正常，但日渐消瘦，排粪不成球，渴欲增加。

(2)入冬后出现群发性，食欲大减，易疲劳，懒得活动，眼结膜苍白，颌下水肿(群众称"裁水")，膘情急剧下降。

(3)孕羊易流产，易伴发"羊黑疫"。

(4)尸体剖检时可在肝胆管中发现扁平如柳叶状的红褐色虫体（图19）。

图19　胆管内有红褐色叶状虫体,呈椭圆形扁平状

【防治方案】

(1)夏季不在低洼沼泽地区放牧，不用河边沟塘处的草喂羊。可在沟塘河边放养鹅鸭以捕食螺。

(2)提前驱虫，每年夏末用硝氯酚按每千克体重3~4毫克剂量1次内服。

(3)5%碘醚柳胺注射液按每千克体重0.07毫升皮下注射，间隔2天后再重复1次。

(4)用吡喹酮注射液按每千克体重0.05毫升皮下注射(未断奶羔羊禁用)，本品为四川精华药厂生产。

【专家提示】凡用驱肝片虫的药，必须在停药后30天方可屠宰，以防止药物残留伤害人体。

2. 脑包虫病

脑包虫病又叫"多头蚴病"，是犬绦虫的幼虫寄生在羊脑腔引起羊神经紊乱的疾病。

【流行特点】

（1）呈散发、慢性经过，死亡率达100%。

（2）感染源是患绦虫病的犬所排出的粪便。

（3）羊采食被犬粪污染的草后而感染。

【诊断要点】

（1）病初羊精神反常，兴奋与沉郁交替出现，做转圈运动，视力障碍。

（2）有时突然倒地抽搐，如癫痫样反复发作。

（3）病羊多离群独站一处，发呆，无心采食，日渐消瘦，随着虫体在颅腔增大压迫大脑症状愈来愈明显。

（4）当虫体寄生在大脑半球时表现典型症状"回旋运动"，初转大圈，后来随着虫体增大转圈半径减小。

（5）当虫体寄生在大脑正前部时，羊常头下垂直线运动；当虫体寄生在大脑正后部时，羊常仰头直行（图20）。

图20　精神沉郁,头后仰呈观天状

【防治方案】

（1）首先控制犬绦虫病，定期驱除犬绦虫。不让羊采食路口草，尤其农村十字路口的草。

（2）吡喹酮注射液按每千克体重 0.05 毫升 1 次皮下注射（成品针剂）。

（3）也可用吡喹酮粉按每千克体重 60 毫克 1 次内服。

3. 山羊蛇形线虫病

山羊蛇形线虫病属毛圆线虫的一种，寄生在小肠前部，感染率很高，危害严重。 有人曾在一只山羊肠道中发现万余条该虫寄生。 此虫虫体细而长，淡红色，有的呈灰色，长 5~7 毫米（图 21）。

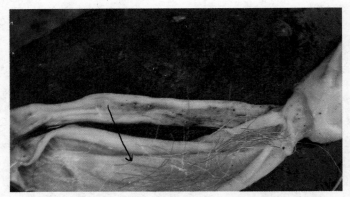

图 21　寄生在山羊小肠内的蛇形线虫，虫体呈细长线状，淡红色或灰色

【寄生特点】虫体多寄生在幽门口下和小肠前半部，所产卵随粪便排出，在外界孵化成幼虫，当羊采食被幼虫污染的水或草后，即被感染。

【发病机制】

（1）虫体在寄生部位损伤消化功能，使肠壁损伤发炎，消化力减退。

（2）虫体在肠道中吸取血液和养分，引起贫血和消瘦，出现营养不良症。

【诊断要点】

（1）本病发生有季节性，发病期是 6~10 月，发病高峰在 8 月。

（2）当年羔羊感染率 100%，成年山羊感染率 30%。

（3）羊感染本病后的表现是经常腹泻，日渐消瘦，贫血，血液稀薄如水凝固不良。

【防治方案】

（1）每年 5 月和 7 月各进行 1 次驱虫，选用左旋咪唑按每千克体重 7 毫克 1 次内服。

（2）伊维菌素按每千克体重 0.3 毫克 1 次内服。

4. 鞭虫病

鞭虫病是常见的寄生虫病，羊、猪、牛均易感染。 鞭虫是大肠特别是结肠内的主要寄生虫，虫体呈黑褐色，长60~80毫米，头部如头发样细，后端粗而短如鞭子样，故叫鞭虫。 以长期顽固性腹泻、粪带黏液和消瘦、光吃不上膘为特征，食欲尚好，食量大反而消瘦。

【寄生特点】成虫在盲肠和结肠中产卵，卵随粪便排出体外。 卵在外界，特别是圈舍内孵化成侵袭幼虫，当羊采食积粪边的落地饲草时，即被感染。 所以，羊、猪、牛混养或同圈同槽感染率最高，几乎达100%。

【发病机制】

（1）大量虫头钻入肠壁，留虫尾（粗大部分）在外边，肉眼看上去很像"毛巾样"，使食物无法和肠壁接触，严重影响肠对养分的吸收（图22）。

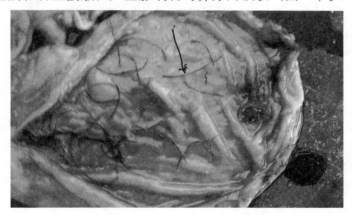

图22　在大肠内有很多像鞭子一样一端粗一端极细的黑色鞭虫虫体

（2）虫头钻入肠壁引起机械性损伤，肠壁充血发炎，甚至形成坏死溃疡。

【诊断要点】

（1）本病主要发生在夏季，其中8~9月为高发期。

（2）病初出现间歇性腹泻，粪中混有大量黏液。 严重时出现持续性下痢，粪中混有褐色胶冻样块。

（3）日渐消瘦，但不出现贫血和下颌水肿现象。

【防治方案】盐酸左旋咪唑按每千克体重6.5毫克1次内服，以晚上服1次药，次日早上再按上述剂量重复1次效果好。

5. 夏伯特线虫病

夏伯特线虫病是由圆线虫科夏伯特属线虫引起的疾病。 此线虫为乳白色，虫体长20毫米，头部稍向腹面弯曲，口大呈圆形，又称阔口线虫。 以经常出现粪球带血为本病特征。

【寄生特点】寄生在大肠及直肠内（图 23），卵随粪便排出体外，在外界高温、高湿情况下孵化成幼虫。没有中间宿主，幼虫附着在垫草上，羊采食圈舍地面的垫草而感染本病。

图 23　寄生在大肠内的乳白色弯曲很长的夏伯特线虫

【发病机制】

（1）虫体以圆形口吸附在肠黏膜上，损伤肠黏膜，致使肠壁水肿。化脓菌从损伤处感染，引起肠壁出现化脓、溃疡。

（2）虫体口腔吸破毛细血管引起肠壁出血。

【诊断要点】

（1）主要感染 1 岁以内的青年羊，感染率达 90% 以上，老羊、哺乳羔羊很少发生。

（2）在病羊肛门口也可见到虫体存在。

（3）病羊被毛干燥，食欲下降，可视黏膜贫血，下颌水肿。

【防治方案】

（1）根据发病季节、特点，可在每年 4 月和 8 月各驱虫 1 次。

（2）选用左旋咪唑，按每千克体重 6.5 毫克 1 次内服，早晚各服 1 次。

（3）伊维菌素（虫克星）按每千克体重 0.3 毫克 1 次内服，间隔 3 天后，可重服同样剂量 1 次。

6. 类圆线虫病

类圆线虫病是由杆线虫科类圆线虫属线虫感染引起的。此线虫虫体细小，呈乳白色，体长 5 毫米，尾端尖细，以皮肤出现湿疹和不间断咳嗽为本病特征。

【寄生特点】

（1）雌虫在小肠中产卵，卵随粪便排出体外。当外界在高温季节（30℃）时，卵直接分离出雌、雄幼虫并进行交配，雌幼虫产出丝蚴，可经皮肤钻入羊体内。

（2）当外界温度过高或过低时，虫卵直接孵化成丝蚴，附着在草上，羊采食带丝蚴的草经消化道感染本病(孤雌生殖)。

【发病机制】

（1）幼虫穿过羊皮肤移行时，常引起皮疹，腹下皮肤出现充血丘疹，有奇痒。

（2）幼虫随血行进入肺内时，由于移行引起支气管和肺炎，常表现持续性咳嗽。

【诊断要点】

（1）感染本病后，明显症状是出现大面积皮肤湿疹，尤其下腹部湿疹最多。

（2）持续性咳嗽，呼吸迫促。

（3）羔羊除了表现皮肤湿疹、奇痒外，还表现下痢、贫血、消瘦、生长停滞。

【防治方案】

（1）1%伊维菌素按每千克体重 0.02 毫升 1 次皮下注射，间隔 10 天后，再用同剂量重复注射 1 次。

（2）左旋咪唑按每千克体重 6.5 毫克 1 次内服，早、晚各服 1 次。

7. 眼虫病

眼虫病是寄生在羊眼结膜和泪腺管内的病，病原体外观呈乳白色细线状，虫体长 5～10 毫米，以结膜炎和角膜溃疡为特征。

【寄生特点】成虫在泪管中产生能够活动的幼虫(胎生)，幼虫随泪水附着在眼周围，当苍蝇叮吸羊泪水时，幼虫进入苍蝇体内并发育成侵袭性幼虫，当苍蝇再叮吸羊眼泪时，将该侵袭性幼虫传给羊眼结膜，再发育成成虫。

【发病机制】

（1）成虫在眼结膜寄生时，引起结膜炎和角膜溃疡。

（2）严重时引起泪管堵塞和眼球萎缩失明。

【诊断要点】

（1）本病发生有明显季节性，多在每年 8～9 月苍蝇滋生猖獗时发生。

（2）病初患眼大量流泪，眼周围浮肿。

（3）眼角膜发蓝，后变白，甚至出现角膜中央凹陷。

【防治方案】

（1）用 5%左旋咪唑滴在眼结膜囊内，隔日 1 次，2 次即可。

（2）对角膜溃疡，可先用 2%硼酸水冲洗眼后，再向眼内滴入鸡蛋油和鱼肝油混合液，每天 1 次，连治 3 天。

8. 胰管吸虫病

胰管吸虫病又叫胰蛭病，是由双腔阔盘吸虫属的吸虫寄生在胰脏的疾病。病原体呈椭圆形，扁平棕红色，体表有刺，体长7~14毫米，宽4~7毫米。以日渐消瘦、运动无力、经常落于群后为特征。

【寄生特点】

（1）每年秋季多雨时期即可感染本病；出现临床症状多在春节前后。

（2）虫卵随病羊粪便排出后，在蜗牛及草螽虫体内发育，当羊采食了草螽虫即被感染本病。

【诊断要点】

（1）病初出现精神反常，时而兴奋（疼痛反应），时而无神呆滞，呈周期性发作。间歇期如无病一样采食正常，犯病时有上述症状，反复发作。

（2）严重时会出现突然倒地抽搐，被毛干枯，持续下痢，颌下水肿，高度贫血。1~2个月死亡达到高峰。

【防治方案】

（1）对易发病地区，可在每年秋后用吡喹酮按每千克体重60毫克1次给药。将药粉混入等量白糖中，用纸包住，送入羊舌根处即可。

（2）对严重病例，可在1周后重复服药1次。

9. 肺丝虫病

肺丝虫病是由丝状网尾线虫寄生在羊支气管内引起的气管炎，严重时甚至堵塞气管。虫体形状如毛发样，乳白色，长16~30毫米。以每天早晨出现连声咳嗽、生长缓慢、日渐消瘦为特征。

【寄生特点】

（1）羊在秋末采食露水草（含侵袭性幼虫）而感染，在冬初发病（出现症状）。

（2）呈散发，成年羊感染率高，幼年羊较少。

【发病机制】

（1）幼虫在组织间移行时，可引起肠黏膜和肺组织机械性损伤、下痢和肺炎。

（2）成虫在气管中寄生时，可引起气管炎和气管堵塞（图24）。

【诊断要点】

（1）羊群陆续出现剧烈性咳嗽，尤其夜间最甚。

（2）鼻孔周围有不洁的干性鼻涕附着。

（3）每当早上放牧出舍时，咳嗽加剧，这时病羊仰头伸颈，连声干性、痛苦性阵咳。

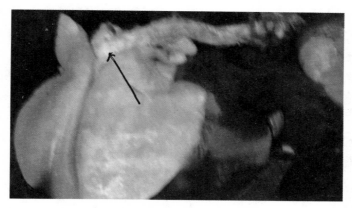

图 24　肺高度气肿,气管被虫体阻塞

【防治方案】

(1)用左旋咪唑注射液(市售)按每千克体重 4.5 毫克 1 次皮下注射,1 周后再重复注射 1 次。

(2)用吡喹酮按每千克体重 60 毫克内服,每天 1 次,连服 3 天。

10. 山羊脊髓丝虫病

山羊脊髓丝虫病是由指形丝虫的幼虫引起的,其成虫寄生在牛的腹腔内,故称腹腔丝虫,为乳白色小线虫,长 1.6~5 毫米,粗的如人头发样。 以后躯麻痹(轻瘫)为特征。

【寄生特点】指形丝虫是寄生在牛腹腔的寄生虫,它所产生的卵(实际是蚴)可随牛的血液移行至牛体表上皮间,当吸血昆虫叮咬时,进入中间宿主蚊子体内进行蜕变,当蚊子再叮咬牛时,又进入牛的腹腔。 但是当蚊子叮咬羊时,蚴虫不能在羊腹腔存活,而是在羊脊髓腔中生长引起羊病。 马属动物患本病也是同样道理。

【发病机制】

(1)虫体在脊髓和脑腔中寄生时,常引起无菌性炎症(机械损伤)、麻痹瘫痪等。

(2)该虫的代谢产物引起羊贫血和代谢紊乱。

【诊断要点】

(1)本病发生有季节性,多在每年 6~10 月发生,8 月为高发病期。

(2)脑髓急性损伤,表现羊突然倒地,头颈直伸、僵硬,眼睑上翻,全身抽搐。

(3)慢性脑髓损伤则表现跛行,双后肢提举不充分,蹄尖拖地,后躯软弱,行走时东倒西歪，蟹样横行。

（4）严重时后躯麻痹，不能站立，呈犬坐姿势。

【防治方案】

（1）丙硫咪唑按每千克体重 5~5.5 毫克 1 次内服，每天 1 次，连服 3 天。

（2）5% 左旋咪唑注射液按每千克体重 4.5 毫克 1 次皮下注射，隔日再重复注射 1 次。

（3）吡喹酮按每千克体重 60 毫克 1 次内服，间隔 3 天后再重复服药 1 次。

11. 细颈囊尾蚴病

细颈囊尾蚴病是常见的腹腔寄生虫病。 病原为胞囊带绦虫的蚴虫，成虫寄生在犬肠道内，叫犬胞囊带绦虫。 蚴虫寄生在羊的内脏浆膜上，俗称"水铃子病"，只有在屠宰羊时，才可看到内脏浆膜上附着很多个大小不一的白色膀胱样水铃子（图25）。

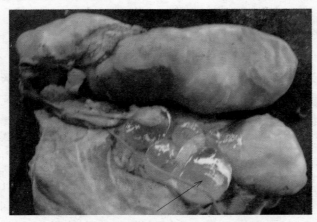

图 25　腹腔浆膜上附着大小不等的透明状水铃子

【寄生特点】胞囊带绦虫寄生在犬小肠中，成熟节片随犬粪便排出体外污染草地和饮水，当羊采食被虫卵污染的水草后感染。 虫卵进入羊消化道，从肠壁钻入组织间，随血液循环再钻出内脏浆膜。 开始生长为细颈囊尾蚴。 当犬吃了羊内脏上的细颈囊尾蚴时，在小肠内发育成胞囊带绦虫。

【发病机制】

（1）当幼虫随血行进入内脏移行时，可导致内脏损伤发炎，如出血性肝炎、腹膜炎和其他内脏大出血。

（2）在内脏浆膜上寄生时，机械地压迫脏器，甚至引起胃肠变位。

【诊断要点】

（1）患该病的羊，虫体由小到大，体积扩张，使羊的腹部逐渐增大，所以羊的右腹部明显下垂，如怀孕后期一样，触诊右腹部，出现金属样流水音。

（2）若发生肝炎和腹膜炎时，腹腔有水平浊音区，而且腹水呈淡红色。

（3）蚴虫生长的代谢产物（毒素）还可引起羊出现中毒性消化不良，贫血，黄疸，食欲减退。

【防治方案】

（1）5%左旋咪唑按每千克体重 4.5 毫克 1 次腹腔注射，1 周后再重复注射 1 次。

（2）吡喹酮按每千克体重 60 毫克 1 次内服。

12. 斯氏多头蚴病

斯氏多头蚴病是斯氏多头绦虫的幼虫引起的一种绦虫蚴病，本病是危害山羊肌肉组织最严重的寄生虫病，俗称"肌肉水疱囊病"，横纹肌内出现散在性非炎性水疱囊，其形态大小不一，小的如蚕豆，大的如鸡蛋，触之有波动，但不能移动。疱囊壁白色，内含透明液体，囊上附着有粟粒样很多头节。

【寄生特点】斯氏多头绦虫的中间宿主是山羊（即幼虫期），终末宿主是犬（即成虫期）。当犬采食了含多头绦虫疱囊的羊肉后，即在犬小肠中发育为成虫——绦虫，绦虫产卵随粪便排出体外，污染水草，当羊采食含虫卵的水草后即在羊横纹肌中发育成疱囊。

【发病机制】

（1）虫卵随血液循环移行时，常导致血管栓塞，引起局部组织坏死。

（2）在横纹肌寄生时，破坏肌组织引起功能障碍。

（3）囊虫分泌毒素，引起母羊卵巢发育、产卵停滞，导致久不发情。

【诊断要点】

（1）患该病的羊，表现精神沉郁，被毛粗乱，体质瘦弱，生长缓慢，经常掉队落于群后。

（2）在羊体表面用手触摸可发现颈、肩、背部皮下有大小不一的、有波动的凸起物。

（3）有时出现咀嚼困难，系绦蚴虫疱囊压迫咬肌所致。

（4）5~8 月龄羊症状严重，死亡率高。

【防治方案】

（1）对外观明显凸出皮肤表面的、周围又没有大神经干和大血管时，可采取手术切除法。

（2）非手术疗法，可用 5%碘醚柳胺按每千克体重 0.07 毫升 1 次皮下注射，隔日 1 次，连续注射 3 次。

（3）吡喹酮按每千克体重 60 毫克 1 次内服，每天 1 次，连服 3 天。

13. 绦虫病

绦虫病是绦虫寄生在山羊、绵羊和牛小肠中引起的。绦虫共分 4 个品种，即莫尼茨绦虫、贝氏绦虫、曲子宫绦虫和无卵黄腺绦虫。这 4 种绦虫，外观基本相同，成虫体长 1 米左右，呈乳白色，扁平带状。

【寄生特点】成虫寄生在小肠中，成熟节片随粪便排出虫卵，卵在地面被地螨吞食，在螨体内发育，当羊采食含地螨的草后即在羊小肠中生长为成虫。

【发病机制】

（1）成虫在小肠寄生，严重影响小肠的正常功能，甚至引起虫性肠堵塞。

（2）虫体代谢产物能引起神经中毒，出现神经紊乱。

（3）虫体吸取营养物质，引起羊高度营养缺乏症。

【诊断要点】

（1）本病严重危害 1 岁以下羔羊，明显表现是不明原因的间歇性腹泻，食欲减退，淋巴结肿大。且有明显的季节性，多发生在每年的 7~8 月。

（2）高度营养不良，贫血，消瘦。

（3）有时出现腹痛不安，呕吐，排粪停止，口色青紫。

【防治方案】

（1）1% 硫酸铜溶液 80~100 毫升 1 次内服。羔羊按月龄计算每月龄 10 毫升，2 月龄的羔羊 20 毫升，以此类推，最多不得超过 100 毫升。以早、晚各服 1 次效果较好。

（2）丙硫咪唑按每千克体重 5~5.5 毫克 1 次内服，最多不得超过 300 毫克。

（3）槟榔 30 克，南瓜籽 200 克研碎，1 次灌服。

14. 捻转胃虫（毛圆线虫）病

捻转胃虫（毛圆线虫）病又叫"捻转血矛线虫病"，是捻转胃虫寄生在真胃和小肠引起的。此虫体呈头发样，吸血后呈淡红色，表皮上有横纹和纵脊，因虫体上有红白相间呈螺旋状的线条，故得名"捻转血矛线虫"。以食欲不振、消瘦、贫血和颌下水肿为特征。

【寄生特点】本虫没有中间宿主，虫卵随粪便排出体外，蜕变过程中，要求一定温度（15~20℃）和湿度（潮湿），才能孵化成侵袭性幼虫爬到杂草或树叶上。当羊采食时，即被再次感染。

【发病机制】

（1）由于虫体在胃肠中寄生吸去大量营养物质，致使羊出现贫血和极度衰弱。

（2）虫的头刺入胃黏膜，形成一层厚厚的地毯式虫层，导致胃壁发炎，使消化、分泌和蠕动受到严重阻碍。

（3）虫体代谢产生毒素，扰乱羊的正常生理功能。

【诊断要点】

（1）本病流行有明显季节性，高发期在 4~6 月，9~10 月又会出现小高发期。

（2）急性病例多见于 3~6 月龄的羔羊，会突然死亡，剖检所见只有高度贫血，皮下及诸黏膜苍白。

（3）慢性病例多见于成年羊，表现日渐消瘦，诸黏膜苍白，便秘与腹泻交替出现。

（4）颌下水肿，日间变化不同，白天活动后水肿加重，到夜间休息后水肿消退。

（5）严重病例，可发展至真胃穿孔。

【防治方案】

（1）根据本病流行规律，可在每年 4 月和 8 月各进行 1 次驱虫。

（2）盐酸左旋咪唑按每千克体重 7 毫克 1 次内服。

（3）伊维菌素按每千克体重 0.3 毫克 1 次内服。

（4）便秘与腹泻交替出现者，可内服腐殖酸钠，数天即可。

15. 钩虫病

钩虫病又叫"仰口线虫病"。成虫外观呈淡红色，头向背弯曲。以皮肤发炎、奇痒和缺铁性贫血为特征。

【寄生特点】

（1）寄生在小肠中的钩虫所产的卵随粪便排出，在外界适合的情况下（要求高温、高湿）发育成侵袭性幼虫，幼虫附着在杂草上，当羊采食杂草时被感染。

（2）幼虫也可从羊毛少、皮肤薄处，如从腹下穿过皮肤进入血液循环，到达小肠内发育成成虫。

【发病机制】

（1）钩虫的头钩，可刺伤肠黏膜出现流血不止，引起机体血液大量损耗，血细胞减少，出现缺铁性贫血。

（2）幼虫经皮肤感染时，常引起皮炎和瘙痒。

【诊断要点】

（1）病后出现肠性消化不良，食欲时好时坏，经常拉黑褐色粪便。

（2）鼻孔经常流出铁锈色鼻涕，有时咳嗽（幼虫在肺内移行）。

（3）呼吸频率加快，全身虚弱，常落于群后。

【防治方案】同捻转胃虫。

16. 泰勒焦虫病

泰勒焦虫病是由血孢子虫寄生在羊的淋巴结组织和血液细胞中的疾病。 虫体用姬姆萨染色后镜检呈椭圆形，原生质呈蓝色，核呈红色，小环形、逗点状等多形性虫体，以环形占多数，环形虫体在环上有一染色较深的团；每一个红细胞内可寄生有虫体 1~4 个。 在淋巴结和肝脾的淋巴细胞中可见到同一类型的虫体——石榴体，石榴体存在于淋巴细胞浆液中，呈圆形或椭圆形及肾脏形，其中包有一个紫红色小核。 本病传播必须在蜱体内由配子体发育成孢子。 以高热、贫血、淋巴结肿大为特征。

【流行特点】

（1）传播媒介为血蜱，有区域性，多发生在阴湿林区。

（2）有季节性，多在每年 3~5 月流行，尤其以 4 月为最高发病期。

（3）呈群发性，流行性，似有间隔 3~4 年严重流行一次。

【诊断要点】

（1）体温升高至 41~42℃，呈稽留热，心悸亢进，在左侧瘤胃上部即可听到明显的心跳动音。

（2）病初眼结膜潮红，后变苍白，严重时变成黄色。

（3）体表淋巴结肿大，如肩前和胸前淋巴结肿大最明显。

（4）全身僵硬（甘肃地方称羊硬病），四肢疼痛，行走困难。

（5）可视黏膜有出血点，肘后尾根毛少皮薄处也有散在性出血点。

【防治方案】

（1）血虫净（贝尼尔）按每千克体重 3 毫克溶于 10% 葡萄糖中，耳静脉注射，隔 2 天后再按前剂量注射 1 次。

（2）常山 30 克、甘草 20 克、鲜大叶黄蒿 300 克，煎汁 1 次灌服，1 天 1 次，连服 4 天。

17. 伊氏锥虫病

伊氏锥虫病是伊氏锥虫寄生在羊血液中的疾病，以高热、贫血、黄疸为主要症状，发病率 20%，死亡率达 70%。

【流行特点】

（1）本病多在蚊蝇滋生季节发生，呈群发性。

（2）成年羊发病率低，主要发生于青年羊，羔羊次之。

（3）成年羊发病症状轻微或呈隐性感染。

【诊断要点】

（1）病初体温升高至 41℃ 左右，食欲大减，精神沉郁，被毛粗乱，咳嗽，流清涕，可视黏膜黄染（图26）。

图26　皮肤表现苍白，而唇和肘后呈黄色病变

（2）尿量增加，且尿色呈浓茶叶水样。

（3）静脉血呈水样，稀薄色淡，放出的静脉血落在地面后几乎不见血迹，下颌水肿。

【快速确诊方法】在发病初期（高热期）采耳静脉血一滴，滴在载玻片上，盖上盖玻片，立即镜检，如在视野上看到活动的弯曲的纺锤状虫体即可确诊为本病。

【防治方案】

（1）首先用10%葡萄糖300毫升、维生素C 10毫升、维生素 B_{12} 500毫克混合，1次静脉注射，2小时后用血虫净每千克体重3毫克、10%葡萄糖100毫升1次静脉滴注。

（2）控制本病最有效的方法是不从疫区引进羊只，做好疫情监测工作。

（3）及时消灭传播本病的媒介——蚊蝇和吸血昆虫。

18. 山羊边虫病

山羊边虫病是边虫（边缘无形体）寄生在细胞内的寄生虫病，以高热、贫血、黄疸和消瘦为特征。

【流行特点】

（1）本病发生有季节性，多在每年8~10月流行，以9月为发病高峰期。

（2）传染媒介是子蜱，因为边虫进入蜱体长期滞留，只能等到蜱的子代出现时，才能成为有传染性的病原。

【诊断要点】

（1）每年秋季流行，其中10月为高发期。

（2）本病主要感染青年山羊，绵羊很少感染，羔羊感染也很少。

（3）病初体温升高至 40~41℃，沉郁呆立，不吃不反刍，便秘，粪干小如鼠屎样，两头尖小。

（4）可视黏膜呈瓷白色、透明，肘后、腹下、四肢内侧皮肤发黄。

（5）剖检见真胃黏膜有出血性炎症，百叶胃充满硬草团。

【防治方案】

（1）血虫净（贝尼尔）按每千克体重 3 毫克，用注射用水配成 2%的水溶液肌内注射，间隔 2 天后再注射 1 次。

（2）盐酸土霉素按每千克体重 15 毫克溶于 5%葡萄糖中缓慢静脉注射。

（3）长效土霉素按每千克体重 15 毫克 1 次肌内注射，隔 3 天重复注射 1 次。

【专家提示】准确确诊，还须采血化验。方法是趁高热时期采耳静脉血涂片，用姬姆萨染色后镜检。虫体呈红色，在细胞的边缘，每个细胞中有 1~3 个虫体。

19. 弓形体病

弓形体病为细胞内寄生性原虫病，病原在发热期可在腹水中检出单个虫体，用瑞氏染色，可看到呈香蕉样虫体。以突然发病、视力障碍和脑神经紊乱为特征。

【流行特点】

（1）本病传染源是老鼠，当猫吃了病鼠后，病原在猫体内长期进行有性繁殖，所以猫是终末宿主；当羊吃了猫的排泄物（尿、分泌物）即被感染，所以羊是弓形体的中间宿主。而羊的排泄物又可引起鼠感染本病。

（2）绵羊发病率高，山羊多呈隐性感染。

【诊断要点】

（1）羊突然发病，体温升高至 40~41℃，稽留热，呼吸加快，流眼泪和口水，大便干缩、紧小如鼠屎。

（2）腹股沟淋巴结肿大，耳后、腹下出现瘀血斑，呈青紫色。

（3）四肢僵硬，走路摇摆，双目失明，不停摇头。

【防治方案】

（1）10%磺胺嘧啶针剂按每千克体重 0.07 克 1 次静脉注射（加入 5%的糖盐水中），每天 1 次，连用 3 天。

（2）泰灭净内服，按每千克体重 0.07 克每天 1 次，次日剂量减半，连用 4 天。

20. 结节虫病

结节虫病又叫食道口线虫病，因其幼虫寄生在羊肠道的肠壁上形成许多结节而得名。成虫外观呈灰白色线状，体长 15 毫米，头部有钩。结节虫病以顽固性下痢和粪便呈黑绿色为特征。

【寄生特点】羊采食被虫卵污染的草、水以后，虫卵在胃液的作用下分离成幼虫，幼虫钻入小肠壁固有膜深处，形成包囊，外观像炒熟的高粱米样凸出肠壁表面，待发育后钻出结节，成为成虫。

【发病机制】

（1）幼虫钻入肠壁时，带入细菌引起局部充血发炎，甚至化脓。

（2）由幼虫在肠壁上形成结节，使肠壁增厚，肠管腔变细，严重影响肠道消化功能。

【诊断要点】

（1）病初表现便秘与腹泻交替出现，有时腹痛不安，食欲大减。

（2）口腔流水，经常反胃吐草，吐出绿色粪水。

（3）拉稀后，用止泻药多次无效。

（4）严重时贫血，消瘦，粪便带血。

（5）剖检见肠壁上有大小不一的结节（如高粱米大小），切开结节内含绿色脓样物，用手触摸结节时，手感硬和顶手（图27）。

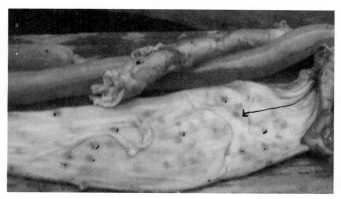

图27 小肠黏膜出现散在性结节性病变

【防治方案】

（1）1%伊维菌素按每千克体重0.02毫升1次皮下注射，1周后再重复注射1次。

（2）吡喹酮按每千克体重60毫克1次内服，间隔3天后再服用1次。

21. 新孢子虫病

新孢子虫病是犬新孢子虫引起的一种原虫病。以怀孕后期的羊多次流产和产出虚弱羔羊为特征。

【流行特点】散在性发生，很少见群发性和流行性。没有全身症状，如发热、不食等异常变化，单个母羊连续几胎不足月就提前流产。

【诊断要点】

（1）流产后，母羊一切正常，没有胎衣停滞、恶露不止、子宫炎等症状，唯一反常的是早产。

（2）所产羔羊多数存活，但羔羊体质虚弱，运动障碍，甚至无哺乳能力，走路摇摆，共济失调。

【防治方案】对羊群中发生过该病的母羊和已怀孕的羊只定期口服新诺明，按每千克体重0.1克1次灌服，每天2次，次日剂量减半，连服1周。

22. 住肉孢子虫病

住肉孢子虫病是由犬传染给羊的原虫病，它不同于血孢子虫的是，该虫不寄生在细胞内，而是寄生在肌肉细胞间，以全身肌肉疼痛，后肢轻瘫为特征。

【寄生特点】当犬采食了患有住肉孢子虫的动物的肉后，在犬肠道内转化成成虫，产卵后随粪便排出体外，虫卵污染杂草，当羊采食这种被虫卵污染的草后被感染。虫卵在羊胃肠中转化成幼虫，幼虫钻入组织间随血行至肌肉间寄生，成为住肉孢子虫病。

【发病机制】

（1）寄生在肌肉间的虫体，引起肌肉变性，使肌肉失去应有功能，如收缩与舒张功能。

（2）虫体分泌毒素，破坏羊的正常新陈代谢，出现高度营养不良。

【诊断要点】

（1）病后全身肌肉疼痛，神志不安，无目的地到处乱走。

（2）经常出现凹腰伸颈，后肢不灵活、僵硬。

（3）严重时出现异食癖，食欲大减，消瘦，最后卧地不起。

（4）剖检见舌、横膈膜、食道、心肌和横纹肌内有很多呈米粒样大小的白点，白点周围充血。

【防治方案】同肠结节虫病。

23. 隐孢子虫病

隐孢子虫病是危害羔羊的严重且常发的传染性疾病。病原是寄生在肠黏膜组织细胞的表膜上层（球虫是寄生在细胞固有层内），即上皮细胞的刷状缘上及肠黏膜的隐窝中的孢子虫，故名"隐孢子虫"。以羔羊出现顽固性下痢、两后腿被黄绿色粪便污染、死亡率高为特征。

【流行特点】

（1）多为群发性，传染快，尤其以3月龄内的羔羊感染率最高，其中哺乳羔羊几乎 100%感染。

（2）3 月龄以上的羔羊感染后，症状轻，康复快，很少死亡。

【诊断要点】

（1）病初哺乳、采食如常，粪不成球，3～5 天后，症状加重，水样腹泻，渴欲增加，但仍保持正常食欲，出现边吃边拉现象。

（2）由于经常腹泻，尾下后躯被黄绿色粪水污染，肛门红染，有时脱肛。

（3）严重时，哺乳采食停止，极度消瘦，眼窝下陷，很快死亡。

（4）剖检见小肠充血发红，肠黏膜淋巴结水肿出血，空肠、回肠、肠黏膜增厚，出现皱襞隐窝扩张。

【防治方案】新诺明按每千克体重 0.1 克 1 次内服，1 天 1 次，次日剂量减半，连服 3 天。

24. 球虫病

球虫病是多种球虫寄生于小肠内的寄生虫病。 病原主要有浮氏艾美尔球虫、错乱艾美尔球虫和雅氏艾美尔球虫。 本病特征是出血性肠炎，消瘦，贫血。

【流行特点】

（1）易感羊为 3～5 月龄的育成羊。

（2）在饲养管理失误、气候不正常、羊只抗病力差时，呈急性、流行性、群发性发生；在优良的饲养管理条件下呈单个、慢性症状表现。

【诊断要点】

（1）经常排恶臭稀粪污染后躯，常引来苍蝇附着，甚至生蛆。

（2）粪中含有大量血液，粪色呈红褐色。

（3）病羊时常努责，甚至发生直肠脱出。

（4）严重时衰弱脱水，减食，卧地不起。

【防治方案】

（1）发现可疑病例应立即隔离治疗，并用 4%火碱喷洒，消毒场地污染物。

（2）药物治疗可用磺胺二甲嘧啶钠注射液按每千克体重 7 毫克，混合 5%葡萄糖 250 毫升，1 次静脉注射，1 天 2 次。

（3）氯苯胍按每千克体重 10 毫克内服，1 天 1 次，连服 5 天。

（4）氨丙啉按每千克体重 50～80 毫克混于麸皮中拌饲，连喂 4 天。

25. 疥癣病

疥癣病是由疥螨虫寄生于体表皮肤上引起的寄生虫病。 病原是白色、小如针尖的螨虫，肉眼几乎难看到。 本病为高度接触性传染病，传染很快，常造成大批羊消瘦死亡。

【流行特点】

（1）一年四季都有发生，但以冬季最严重。

（2）1岁以下羊感染率最高，达90%以上，死亡率达80%。

【诊断要点】

（1）从头部开始，皮肤增厚、脱毛，有大量皮屑，并向全身蔓延。

（2）病羊病变处奇痒，常在木桩上、墙角处摩擦，甚者皮肤上出现丘疹、结痂、水疱，最后痂皮龟裂。

（3）日久体表大部脱毛，皮肤变成干固石灰样硬壳（图28、图29）。

图28 尾根大面积脱毛

图29 臀部大面积脱毛

【防治方案】

（1）最有效的方法是每年定期进行药浴。

（2）为防止疫情带入，新进羊只要严格检疫，防止带入螨虫。

（3）圈舍、用具、场地要定期彻底清扫、消毒。

（4）对单个病羊病初的局部病变，可用苦楝树根皮250克对水1500克浸泡3天后，取浸泡液洗患部可迅速治愈。

（5）药浴疗法：将林丹乳油混溶于水中，配成0.025%的浓度即可。根据羊只多少，将药液倒入缸、槽或大锅中，洗羊全身，包括头部。

（6）单个羊只可用0.5%敌百虫水溶液喷洒羊全身，或1%敌百虫水涂擦患部。

（7）伊维菌素按每千克体重0.3毫克1次内服，1周后再服1次。

【专家提示】本病的快速诊断方法：将羊体患部的痂皮剥下绿豆大小一块，放在黑色牛皮纸上，然后将牛皮纸置灯火焰上加热（以不着火为度），片刻痂皮内有白色针尖大小的虫子向四周逃出，即可确定为疥螨虫病。

26. 羊虱病

羊虱病是由于虱寄生于羊被毛下引起的寄生虫病，除可能引起瘙痒，吸取羊体血液，直接影响羊采食，消瘦外，还是多种传染病的媒介。

【流行特点】

（1）危害严重期多在秋末冬春季节，夏季明显减少。

（2）传播方式主要是直接接触，也可通过厩舍地面、墙壁、用具感染。

（3）多成群感染、寄生，呈流行性、地方性发生，很少单个发生。

【诊断要点】

（1）羊虱分为吸血虱和食毛虱，前者叫羊颚虱，体表革质，体扁平，呈黑褐色；食毛虱主要食羊毛和皮屑，呈赤褐色。

（2）吸血虱主要寄生在颈、肩、耳、尾根部；食毛虱主要寄生在脊背和臀部。

（3）患部表现奇痒、脱毛，甚至出现丘疹，皮肤发炎。

【防治方案】

（1）伊维菌素内服，按每千克体重0.3毫克1次内服，1周后再服1次。

（2）2%敌百虫水溶液洗患部亦可。

27. 伤口蛆病

伤口蛆病多发生于夏季，病原为中华丽蝇，特征是尾根和体表毛稀处出现深在性脓疡，并有蛆在其中生长（图30）。

【诊断要点】

（1）在颈侧、尾根、后肢内出现脓性漏管，创口周围充血红染，经常从创口内

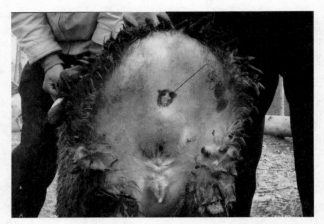

图30　在羊尾部下部无毛的皮肤上，出现局部深在性溃疡斑，创腔内常有蛆存在

流出脓液。

（2）常见有苍蝇追触创口叮咬，羊为了避开苍蝇叮咬而躁动不安。

（3）在羊采食时常会突然停止啃草而用嘴或腿不停地啃咬或蹬患处。

（4）病羊日渐消瘦，甚至发生败血症而死亡。

【防治方案】

（1）枯矾 50 克、花椒 10 克、敌百虫 20 克、来苏儿 50 毫升、凡士林 100 克，将前三味药共研为极细粉，再加上后两种药调和成软膏备用。

（2）将患处清洗消毒后扩创清除异物，涂上上述软膏，每天换药 1 次。

28. 羊鼻蝇蛆病

羊鼻蝇蛆病是由狂蝇科羊鼻蝇的幼虫（蛆）寄生在羊鼻腔上部引起的慢性鼻腔疾病。成年蝇比家蝇个体大些，呈黑色，胸有很多黑点，幼虫长到后期体长 5~6 毫米，呈白色，有头钩 1 对。

【流行特点】

（1）本病有季节性，每年 7~8 月羊鼻蝇在晴天中午攻击羊只，产卵于羊鼻端，然后孵化成幼虫钻入鼻腔后部寄生（图31），约经数月后发育成蛹，趁羊打喷嚏时落于地面，再发育成成虫蝇。

（2）本病主要危害绵羊，山羊次之。在牧区和农区，凡有羊存在的地方皆有本病发生。

【诊断要点】

（1）当羊鼻蝇在夏季天气晴好的中午攻击羊群产卵时，整个羊群惊恐不安，互

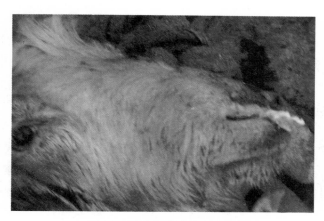

图31 羊鼻蝇寄生在鼻腔内

相拥挤，甚至将羊头藏于他羊腹下或钻入草丛中，防止鼻蝇在鼻端产卵。

（2）羊被感染后，表现经常摇头，鼻端发痒，流浆液性鼻涕，常打喷嚏，常将鼻在地上摩擦拭痒。

（3）严重时鼻腔发炎，流脓性血鼻涕，在剧烈打喷嚏时还可见到从鼻孔喷出幼虫。

【防治方案】

（1）对可疑病羊，选用5%碘醚柳胺注射液按每千克体重0.07毫升1次皮下注射，3天后可重复注射1次。

（2）也可用伊维菌素（虫克星）按每千克体重0.3毫克1次内服，1周后再服1次。

四、消化系统疾病

1. 口腔炎（烂嘴）

口腔炎是口腔黏膜表层及深层的炎症，分为浆液性、水疱性和溃疡性三种，其总的特征是大量流涎，口腔疼痛，采食咀嚼困难。

【发病机制】引起口腔炎的原因有内源性和外源性。内源性口腔炎是由于营养不良、缺乏维生素或高热、内毒素的作用致使口腔黏膜新陈代谢紊乱，上皮细胞不能及时更新，失去外屏障作用而感染发炎，多见于寄生虫病营养不良和传染病。外源性口腔炎是由于机械损伤，多见于饲草中的尖锐异物刺伤口腔黏膜，牙齿不整等。

【诊断要点】

（1）嘴唇周围水湿污染不洁，采食小心，咀嚼缓慢。

（2）大量流浆液性口涎，口腔黏膜充血发红。

（3）大量流泡沫性带血黏稠唾液，口腔有散在性毒水疱，口腔黏膜充血肿胀。

（4）口腔内有白色溃疡斑，局部组织硬肿，烂斑中含有麦芒、玻片、金属碎片等异物。

【防治方案】

（1）首先针对病因，纠正原发病，采取对症治疗，供给富含营养饲料，如青嫩、柔软饲草，全身疗法抗菌消炎，清除口腔内异物。

（2）用3%硼酸水冲洗口腔，溃疡面涂碘甘油。

（3）对灰白色溃疡面可用硝酸银棒涂擦1次，并撒布冰硼散。

（4）白矾2克、核黄素100毫克、白糖100克，共研细末，装入小布袋中，并将小布袋放在羊口腔内。

附　冰硼散配方：冰片0.5克、硼砂5克、朱砂0.5克，共研细末，装入带色瓶中备用。

2. 腮腺炎

腮腺位于耳下，下颌骨后上方，是分泌唾液的器官。在病因作用下，局部或全部腺体病变，充血发炎，耳下出现条状硬肿，发热，甚至化脓。

【发病机制】

（1）病毒性腮腺炎见于传染病，多为双侧性腮腺同时发炎。

（2）外伤性腮腺炎多为单侧性，见于局部外伤，碰、砸、刺伤。

（3）内伤性腮腺炎见于异物从口腔内进入腮腺管引起堵塞，刺伤腺管，如芒刺性植物等。

【诊断要点】

（1）有明显全身症状，如体温升高、寒战、绝食等，为传染性腮腺炎，多为双侧性硬肿，口流黏涎。

（2）患病侧耳下部肿大，局部皮肤充血、红肿，皮肤增高，触诊局部坚硬，拒绝触摸，多为损伤性病因。

（3）由于局部疼痛，羊在咀嚼草时常歪头。

（4）由于炎性渗出物沿皮下流至咽部，压迫喉头，出现咳嗽和呼吸不畅。

【防治方案】

（1）不管何种病原引起的炎症，炎症初期均可用冷敷法抑制炎性渗出，肌内注射青霉素和地塞米松。

（2）急性期过后，可用碘软膏或红花油涂擦外部。

（3）若化脓破溃，可用碘酊冲洗脓腔，并向腔中填塞碘仿及消炎粉。

（4）全身疗法是选用青霉素、链霉素各100万单位，用注射用水10毫升，1次肌内注射，1天2次，连用3~4天。

【专家提示】激素药对怀孕羊不宜用，如地塞米松等。

3. 咽炎

咽炎是咽部组织的炎性变化，以局部肿大，吞咽困难，采食和饮水时草、水会从鼻孔流出为特征。

【发病机制】引起咽炎的原因主要是外伤性以及化学腐蚀、药品刺激，继发于感冒、口腔炎和某些传染病，如羊瘟热、口蹄疫引起局部肌肉组织充血、肿胀、疼痛、功能障碍。

【诊断要点】

（1）口流水，头颈直伸（缓解局部压痛），咽部外侧明显肿大。

（2）用手触摸咽部，病羊表现疼痛，抗拒触摸。

（3）吃草时出现吞咽困难，伸颈仰头用力下咽。

（4）鼻孔内常流出绿色草水。

【防治方案】

（1）选用新诺明10克、小苏打5克、蜂蜜40克，混合后装入布袋中，让其衔在口内慢慢吞咽。

（2）在咽部外侧涂擦4.3.1合剂（刺激性、诱导疗法）（配方见下文）。

（3）内服草药射干20克、桔梗15克、半夏5克、甘草15克，1次煎服，每天1剂，连服3天。

附　4.3.1合剂配方：樟脑酒40毫升、氨水30毫升、松节油10毫升，混合而成。

4. 流涎症

流涎症是指不明原因的经常性大量流口水，没有全身症状，饮食正常，只有流口水的症状。

【发病机制】据观察，多数因唾液腺分泌紊乱所致。过敏性、内脏寄生虫、生殖道炎症等均能引起反射性流涎症。

【诊断要点】

(1)下唇部经常水湿不干，局部被毛黏结，甚至脱落，露出红色皮肤，皮肌肿胀、充血、发炎。

(2)口角有白色泡沫，并有液体不停滴在地面上。

(3)由于体液大量丢失，日久会引起食欲下降，出现进行性消瘦。

【防治方案】

(1)0.5%硫酸阿托品2~3毫升、地塞米松2毫升，1次皮下注射，每天2次，连用3天。

(2)草药疗法：官桂10克、白芷10克、附子3克、党参30克、赤芍20克，煎后灌服，每天1剂，连服3天。

(3)从饲养管理方面着手，增加维生素和微量元素添加剂，给予富含营养的青绿饲草、胡萝卜等多汁饲料。

5. 顽固性呕吐

中兽医把顽固性呕吐叫"反胃吐草"，是由于外感风寒，内伤阴冷引起脾胃湿寒而出现异常的疾病。以羊在平时(休息时)和反刍时经常从口中吐出绿色草水为特征。

【发病机制】在病因作用下引起胃功能紊乱，如胃酸分泌过多，刺激胃壁神经，甚至胃壁黏膜出现炎症，如真胃溃疡、胃内寄生虫等都可引起胃的分泌和蠕动及功能异常，出现不定时、反射性吐草。

【诊断要点】

(1)该病呕吐不同于正常反刍，呕吐之前，首先口流清水，然后胸腹肌突然收缩将胃中草、水吐出口外。

(2)吐草没有规律性，但有间歇性，极少在短时间内出现2次吐草。

(3)个别羊会表现在反刍过程中边反刍边将口中草团吐出(大部分草咽下，少部分吐出)。

(4)生长缓慢，日渐消瘦。

【防治方案】

(1)当归20克、羌活10克、细辛10克、白芷20克、官桂10克，水煎灌服，隔日 1 剂，连服 3 剂。

（2）爱茂尔 2 毫升，1 次肌内注射，每天 2 次，连用 2 天。

（3）樟脑 1 克、鸡蛋黄 2 个，混合溶解后，1 次灌服，隔日 1 次，连服 3 次。

6. 重瓣胃阻塞

重瓣胃阻塞又叫"百叶干"，因三胃堵塞不通，其中食物变干燥而得名，以排粪停止，顽固性前胃弛缓为特征。

【发病机制】因长期采食含粉质和泥土沙粒饲料，加上寒冷、运动不足、饮水不足，以及高热性疾病，导致瓣胃蠕动和过滤功能紊乱，食物停滞在胃中过久，其中水分被吸收，食物变干、变硬、积结成块，进而堵塞胃孔，形成恶性循环，导致瘤胃严重弛缓，食物发酵腐败，导致自体中毒，危及生命。

【诊断要点】

（1）口腔干燥，鼻端干裂，食欲、反刍停止。

（2）瘤胃蠕动无力，次数大减，胃中积滞，有腹痛、磨牙、后肢踢腹现象。

（3）触诊右侧季肋部，有局部凸起，内感坚硬物，并且在此处听不到蠕动音。

【防治方案】

（1）病初用硫酸钠 60 克、温水 500 毫升、姜酊 60 毫升，1 次内服。

（2）静脉注射 5% 葡萄糖 400 毫升、庆大霉素 8 万单位、地塞米松 4 毫升，1 次注射。

（3）芦荟叶（鲜）200 克捣碎，1 次灌服。

7. 奶山羊创伤性网胃炎

奶山羊在农村多是庭院舍饲，又是以家庭主妇为主的饲养，缝衣针、铁钉、铁丝混入饲草内机会多，是本病发生的主要原因。以严重消化道功能紊乱和继发心包炎为特征。

【发病机制】异物进入胃中，由于金属物常沉入胃底下层，极易沉入网胃内。网胃体积小，又是四个胃在腹腔中位置最低的，所以这些异物多数滞留在网胃底部；又因网胃收缩力强（反刍的主要器官），所以极易刺伤胃壁，甚至刺入心脏，因为从内脏结构来说网胃前部紧贴心脏，只有横膈膜相隔，因此一旦发生网胃创伤性炎症，势必使心脏受到损伤引起心包炎。

【诊断要点】

（1）首先出现反刍无力，食欲减退，精神高度沉郁。

（2）走动小心，愿走上坡，而忌走下坡，甚至走下坡路时斜着身子慢行。

（3）严重消化道紊乱，表现前胃弛缓症状，如瘤胃蠕动减弱或停止，瘤胃内容物液化呈糊状，左肷部鼓起，触诊呈鼓音。

（4）体温升高至 40~41℃，全身部分肌肉发抖，尤其肘后最明显。

【防治方案】

（1）防止尖锐金属异物污染饲草，或在喂羊的食槽内放置永久性磁铁，可吸固金属异物。

（2）病初期体温升高时，立即采用瘤胃切开术取出网胃中的异物，尤其刺入胃壁和膈膜上的异物。

（3）若发现有心包积水、心跳疾速、心音混浊，并有拍水音以及颈静脉努张，下颌部水肿时，则为严重心包心肌炎，无医疗价值应淘汰处理。

【专家提示】对羊创伤性网胃炎及心包炎的快速确诊，最好采用腹腔穿刺放出腹水，若腹水呈红色且含有炎性渗出物即为本病。正常的腹水应该是清澈透明的液体。

8. 食道阻塞

食道阻塞又叫"草噎"，是块状食物突然堵塞食道引起的急性疾病（图 32）。以突然出现伸头缩颈和做吞咽动作、大量流涎、瘤胃臌气为特征。

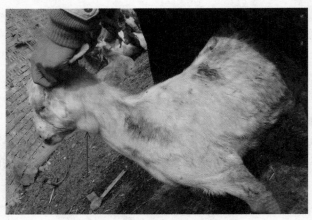

图 32　块状物堵塞在食道内

【发病机制】采食不易嚼碎的块根类如萝卜、红薯等，咽下时停滞在食管中，引起嗳气停止，异物压迫气管和迷走神经引起一系列综合性、危及生命的疾病。

【诊断要点】

（1）多数在采食中突然发生。

（2）大量流口水，发呛。

（3）从鼻孔中流出大量黏液。

（4）瘤胃臌气，呼吸困难。

【防治方案】

(1)首先解除瘤胃臌气(参照急性瘤胃臌气穿刺放气方法)。

(2)梗塞物在食道管上 1/3 处时妥为保定,术者双手推挤食管中的梗塞物,往上挤压至口腔即可。

(3)若梗塞物在食管下部,甚至在胸腔部,可用胃导管由口腔插入梗塞部,外端接打气筒往食管有节奏地打气,可将梗塞物推入胃中。

(4)也可用直径 2~2.5 厘米粗的新柳木棍,头端用布包成鼓槌状,助手固定羊头,术者将棍由口腔插入食管中,把梗塞物推送入胃中。

9. 前胃弛缓

前胃弛缓是胃平滑肌弛缓,张力下降,蠕动减弱,分泌消化液减少的消化功能紊乱的常见病。 特征是反刍稀少,嗳气增加,肚胀,食欲不振,甚至腹泻与便秘交替出现。

【发病机制】

(1)采食露水草、冰冻草,突然更换草场等刺激引起的应激反应。 出现神经系统调节紊乱,使胃三大功能失调。

(2)胃蠕动缓慢,胃内容物停留过久,异常腐败,并产生有毒物质,出现自体中毒。

(3)消化液分泌减少,胃肠中酸碱度失去平衡,瘤胃中微生物发酵紊乱,纤毛虫大量死亡,乳酸菌减少,加速胃肠内容物腐败速度,导致消化道臌气。

(4)胃中有毒物质刺激胃肠黏膜引起充血发炎,直接影响肠道吸收功能,出现腹泻、脱水。

【诊断要点】

(1)口色淡薄,鼻端干燥,有口臭。

(2)瘤胃轻度臌气,排粪干小色黑,反刍大减,嗳气增加。

(3)食欲不振,胃肠蠕动紊乱,有时腹泻,有时便秘。

【防治方案】

(1)加强饲养管理是防止本病发生的关键。

(2)苯海拉明 50 毫克、苏打 10 克、红糖 20 克,1 次灌服,每天 1 次,连服 3 天。

(3)当归 20 克、东楂 20 克、麦芽 20 克、火麻仁 30 克,共研末,灌服。

(4)大蒜 1 头、白酒 50 毫升,混合捣碎灌服。

10. 瘤胃积食

瘤胃积食是瘤胃内积存过多难以消化的食物,致使瘤胃蠕动受阻,反刍停止的疾病。

【发病机制】短时间内采食过多的粗、干、单、硬或难以消化的饲料，以及吸水后容易膨胀的颗粒饲料，体积急增，使瘤胃内压力加大，促使瘤胃壁扩张，蠕动受阻，胃内容物停滞而形成疾病。

【诊断要点】

（1）突然发病，瘤胃触诊坚实，呆立不动，拱背沉闷，呻吟，回头顾腹，后肢踢腹，有痛感。

（2）流口水，磨牙，停止反刍，可视黏膜充血，尿少而黄。

（3）左肷部下方膨大，瘤胃蠕动极弱，甚至听不到收缩蠕动声音。

【防治方案】

（1）首先按摩瘤胃，促进胃中食物运转。按摩时双手配合，左手放在左肷上部，右手拖起胃下部，上下交替用力按摩，每隔30分钟进行1次，每次按摩1分钟。

（2）用稀盐酸5毫升、胃蛋白酶5克、淀粉酶5克、水300毫升1次内服。

（3）10%氯化钠60毫升、5%氯化钙20毫升、安钠咖5毫升1次静脉注射，可提高血液碱贮量。

（4）内服中药神曲、麦芽、东楂、枳壳、槟榔各20克，煎服。

11. 急性瘤胃臌气

急性瘤胃臌气是羊突然采食过多易发酵饲料，在瘤胃中很快分解，产生大量气体并无法嗳气的致死性疾病。

【发病机制】幼嫩的豆科饲草或已经发酵腐败的饲草，在瘤胃中细菌的作用下，产生大量气体，引起胃壁急剧扩张，胃中气体上升，胃内容物下沉，淹没贲门口，使气体嗳出困难或根本无法排出胃中气体。泡沫性瘤胃臌气则与上不同，当采食大量蛋白质饲料，如大豆，蛋白质在酸性环境中分解，形成皂苷、果胶和不挥发性脂肪酸，变成大量泡沫，泡沫表面张力大，不易破裂放出气体，而形如洗衣粉产生的气泡样，使胃中气体嗳出受阻。

【诊断要点】

（1）气滞性臌气特征是呈急性发作，瘤胃壁紧张如鼓，超出脊背。

（2）泡沫性臌气胃壁张力小，臌气稍轻，且触诊瘤胃时有捻发音，而且用放气针放胃中气体时，排不出来。

（3）由于食道阻塞引起的瘤胃臌气，有大量流涎、食管逆蠕动等现象。

【治疗方案】

（1）一般性尚没有窒息危险时可内服止酵剂，鱼石脂5克、酒精60毫升1次灌服。

（2）若有窒息时，应先用20号针头行瘤胃穿刺放气，然后沿放气针孔向瘤胃注入来苏儿5毫升、松节油3毫升、水100毫升。

（3）对泡沫性臌气可内服煤油 30 毫升，或用油脚（老油桶的沉渣）50 毫升 1 次内服。

【专家提示】采用瘤胃穿刺放气时不能放得太快，要缓慢放出，以防腹压突降，引起脑贫血死亡。

12. 塑料袋引起的羊病

本病是牛、羊误食塑料食品袋而发病。特征是采食塑料袋后引起堵塞胃上、下口（贲门和幽门口），出现致死性消化障碍。

【发病机制】盛过食品，尤其含油脂、糖类食品的塑料袋，当羊闻到甜香气味塑料袋时，争相抢食。因塑料软而韧很难嚼碎，在胃中又不易分解，甚至纠缠成团状，堵塞胃口和肠道。

【诊断要点】

（1）首先出现顽固性消化不良，间歇性瘤胃臌气，尤其在反刍时突然出现瘤胃臌气，片刻又消失，反刍正常。

（2）有时出现反刍困难，经过几次返胃，也很难返回草团，只是口腔空嚼几下，并见有口水流出。

（3）有时还会出现腹痛不安，有时又如无病一样饮食如常，以上这种病象，突然发生 1~2 小时，然后又自然痊愈，病程可达半月之久，若不医治，多数死亡。

【防治方案】确诊后，只要尽快施行瘤胃切开术，取出异物即可痊愈。

附 防止本病发生，只有从源头开始，有效控制白色污染，做好环境保护工作。合理解决商品包装问题，尤其包装食品的塑料袋，改用一次性而且易降解的不造成对环境污染的纸质包装袋。燃眉之急是将食品包装塑料袋妥为保管，收集并焚烧掉，防止对草场和周围环境的污染，使羊没有采食的机会。

【专家提示】对本病的快速诊断方法：尽管瘤胃臌气相当严重，只要将羊头提起，使后肢离地，臌气很快消失，即证明为该病。原因是只要堵塞胃口的塑料袋移开，臌气即消除。

13. 过食谷物酸中毒

羊过食谷物酸中毒在农区养羊户中屡见不鲜，病因有二：一是人为饲喂含淀粉（糖类）较多的红薯、玉米、谷物；二是羊偷吃原粮或小麦面粉（脱缰或越圈），引起急性瘤胃酸中毒。

【发病机制】当羊采食过多原粮和面粉类后，在胃中液化成为良好的细菌"培养基"，在胃内缺氧的情况下，乳酸菌大量繁殖，产生大量乳酸，使胃内酸度急剧增高，pH 值下降，胃内容物分解液化，浓度升高，渗透压上升，超过组织间渗透压，从而使机体水分通过胃壁进入胃中。当胃中 pH 值降至 5 以下时，纤毛虫及其他微生物崩解死亡后释放出内毒素，导致机体酸中毒和内毒素中毒，出现血液浓缩，碱贮下降，直接引起心、肝、肾衰弱，蹄叶炎发生，最后瘫痪而死亡。

【诊断要点】

（1）瘤胃臌气，嗳气停止，口流酸臭唾液，四肢凉感，行走无力。

（2）可视黏膜呈青紫色，精神沉郁，排粪、排尿量少。

（3）渴欲增加，四肢聚于腹下，严重时眼球下陷。

（4）多数发生蹄叶炎，表现蹄壳增温，不敢负重，跛行，甚至卧地不起。

【防治方案】

（1）若已知偷吃成品粮或面粉过多时，应立即采取瘤胃切开术，掏出瘤胃内容物的2/3，并向瘤胃内灌入温水进行冲洗。

（2）对已经出现明显症状的病羊，首先用鱼石脂10克、乙醇100毫升、小苏打20克1次灌服，每天2次。

（3）10%氯化钠100毫升、5%氯化钙20毫升、10%安钠咖5毫升，1次静脉注射。

【专家提示】本病主要发生于农区散养羊户，尤其奶山羊发生最多，诊疗本病的关键在于早发现，只要采食不是太多，采取限制饮水1~2天，结合中和胃酸疗法即可。

14. 胃肠炎

胃肠炎是胃肠黏膜表层及深层的急性炎症，可分为饮食性胃肠炎和继发性胃肠炎两个类型。饮食性胃肠炎即采食腐败饲料，饮用污水和带有病原污染的草料。继发性胃肠炎多见于某些传染病，以高热、腹泻、腹痛和自体中毒为特征。

【发病机制】当采食腐败霉烂变质的草料后，有毒物质刺激胃肠，引起强烈的应激反应，出现胃肠蠕动，分泌紊乱，初期胃肠痉挛性收缩，分泌增加，表现腹痛和喷射性呕吐，由于胃肠分泌增加，体液倒流入肠道，出现水样腹泻；后期肠道麻痹，异常发酵，产生毒素，出现脱水和自体中毒。

【诊断要点】

（1）突然出现剧烈性、连续性腹泻，排出水样伴有黏液假膜和血液，有恶腥臭味稀粪。

（2）口腔干燥有臭气，反刍停止，瘤胃上部积气。

（3）口渴增加，喜饮水，精神沉郁，有阵发性腹痛，后肢蹴腹。

（4）皮温不整，耳根、角根、四肢末端变凉，眼结膜充血流泪。

（5）体温升高，全身寒战，严重时肛门失禁，后腿被粪便污染。

（6）严重脱水和酸中毒时，眼球下陷，四肢无力，颜面浮肿。

【防治方案】

（1）腐殖酸钠 50 克、非那根 100 毫升、链霉素 2 克，加水 300 毫升，1 次内服。

（2）静脉注射复方氯化钠 500 毫升、地塞米松 4 毫升、10%安钠咖 5 毫升。

（3）草药疗法：当归 20 克、白芍 20 克、秦皮 10 克、郁金 10 克、木香 10 克、云苓 5 克，煎汁 1 次灌服。

15. 胃肠变位

胃肠及其他内脏在腹腔中有固定位置，由于某种外因，引起胃肠改变位置，甚至出现肠扭转、肠套叠。以突然表现剧烈疝痛、腹围增大、消化道上下不通为本病特征。

【发病机制】当羊受意外伤害，如滚坡掉沟、其他攻击、角斗等，还有人为的剪毛、药浴时不正确地翻滚羊体等，均可引起胃肠移位。另外，胃肠蠕动功能亢进，像痉挛性收缩也可引起变位、扭转等病发生。胃肠变位后，引起消化道不通，食物粪便停滞不前，气体不能及时排出，腹围急剧增大，腹压增高，直接影响心、肺正常活动，使呼吸和血液循环严重出现障碍。胃肠变位局部的血液运送和神经传导均受限制，甚至出现病变组织充血发炎，加速病情恶化，组织坏死，剧烈疼痛，严重时危及生命。

【诊断要点】

（1）因为本病多有前因后果相关联，首先要弄清病因，然后结合症状表现，如持续性腹痛，拱背凹腰，急起急卧，奔走不安等，确实诊断。

（2）眼结膜充血，口腔干燥红染，腹部增大，肠蠕动极弱或废绝。

【防治方案】本病药物治疗多无济于事，只有采取整复治疗。

（1）腹外整复法：将羊左侧卧保定在桌子上，术者站在病羊背后，右手握住两后腿系部，左手握住两前肢系关节，然后双手同时用力提整个羊身体，使其离开桌面。如此提起和放在桌面上 2~3 次，然后将羊猛地由左侧姿势翻转为右侧姿势，这时放开病羊四肢，将羊放在地上并观察情况。若病羊恢复平静，不再出现疼痛不安即为整复成功；否则，仍按上述方法，将羊保定继续进行整复 1~2 次至痊愈为止。

（2）开腹整复法：按手术常规准备，在右侧肷部切开腹壁，打开腹腔，寻找病变部位，调整复位，缝合切口即可。

16. 肠闭结

肠闭结是由于肠管蠕动缓慢，粪便在肠道中停留时间过长变干变硬，下行困难的疾病。以腹痛、腹胀、不停努责为特征。

【发病机制】长途运输、饮水不及时、饥渴交困引起胃肠蠕动缓慢，使粪便停滞引起本病。 也有因胃肠中有异物，如尚未咀嚼的秧藤类等多纤维饲料。 若采食半湿不干的红薯秧、花生秧，以及羽毛、头发和肠道寄生虫（大量绦虫）均可引致本病发生。

【诊断要点】

（1）触诊右侧腹部会出现金属性流水音。

（2）口色红染，眼结膜充血，腹围增大。

（3）听诊胃肠蠕动音低沉无力，腹痛不安，有时急起急卧，后肢蹴腹。

【防治方案】

（1）硫酸钠60克、芦荟15克，1次灌服，同时用肥皂水反复灌肠。

（2）若以上措施无效，应考虑属真胃和十二指肠阻塞，则须手术治疗。

五、呼吸系统疾病

1. 鼻炎

鼻炎是羊常见病，又叫羊鼻卡他，属鼻黏膜表层浆液性炎症。以鼻端不适、流鼻涕、鼻腔狭窄、呼吸不畅为特征。

【发病机制】鼻腔感染(病毒与细菌)、寒冷刺激以及吸入有害气体(灰尘、毒性气体、失火烟熏)引起鼻黏膜充血发炎、红、肿、热、痛、分泌增加，鼻腔变细，甚至鼻孔不通。

【诊断要点】

(1)病初常打喷嚏，大量流稀薄清涕。

(2)经常将鼻端在物体上摩擦，频频摇头，或用前肢蹄尖蹭鼻端。

(3)病到后期常有鼻痂堵塞鼻孔，呼吸受阻。

【防治方案】

(1)可用副肾上腺素、庆大霉素各1毫升混合后滴双侧鼻孔内。

(2)也可用10%磺胺嘧啶10毫升、病毒唑5毫升混合滴鼻。

2. 溃疡性鼻炎

溃疡性鼻炎是鼻腔黏膜的深层化脓性炎症，以鼻腔有烂斑，颌下淋巴结肿大为特征。

【发病机制】在病因作用下，外伤感染、寄生虫损伤、感染了化脓菌等引起局部(感染处)肿胀坏死，组织水解，分泌物增加，甚至引起全身性毒血症，体温升高。

【诊断要点】

(1)鼻部(内、外)肿胀，局部温度增高，颜面浮肿。

(2)鼻腔内壁可见到成片的溃疡面，并附有血性白色脓液。

(3)有全身症状，如体温升高、颌下淋巴结肿大、食欲大减。

(4)眼结膜充血流泪。

【防治方案】

(1)首先要根除病因，治愈原发病，如驱除羊鼻蝇蛆，治疗病毒性传染病。

(2)盐酸土霉素1克溶于5%葡萄糖水中，1次静脉注射。

(3)青霉素240万单位、链霉素100万单位、注射用水10毫升，1次肌内注射，每天2次，连用3天。

(4)草药疗法：辛夷20克、知母15克、黄柏20克、木通10克，1次煎服，每天1次，连服3天。

3. 鼻出血

鼻出血是鼻黏膜毛细血管破裂引起的以一侧鼻孔呈滴状、流出鲜血为特征的疾病。

【发病机制】从生理角度看，鼻黏膜上的毛细血管特别多，遇外伤最易破裂出血；内因的鼻出血是高热性病体温过高、血压超高，鼻孔血管也易破裂，机体维生素缺乏症、血友病等，均可致鼻出血；采食有毒植物也可引起血小板减少，引起鼻出血。

【诊断要点】

（1）鼻出血多为单侧性，抬头不流低头流，血呈鲜红色。

（2）肺出血多为双侧性，两个鼻孔均流血，血液中混有气泡，且在流鼻血的同时，伴有咳嗽和呼吸困难。

（3）胃出血也为双侧性，但流出的血是暗红色，呈酸性，含有草渣，还伴有呕吐现象。

【防治方案】

（1）少量出血，如外伤性鼻出血，可将羊头部抬高，并用冷水洗鼻外部。

（2）若是大量流血，可用肾上腺素浸湿的纱布填塞出血鼻孔内。

（3）也可用维生素 K_3 2 毫升 1 次肌内注射。

（4）若是肺和胃出血则另当别论。

4. 喉头炎

喉头炎为喉黏膜表层慢性炎症，多和咽炎同时发病。表现咽喉部肿胀，局部皮肤过敏，以经常干咳为本病特征。

【发病机制】喉部是最敏感的器官，外因如风寒感冒，长期鸣叫（断奶、更换新区）均能引起喉部发炎，继发于某些病毒细菌性疾病，如支原体肺炎也是喉炎的诱因。

【诊断要点】

（1）羊鸣叫出现异常，鸣声低沉而且嘶哑，阵发性咳嗽，采食和吸入冷空气时咳嗽加剧。

（2）病羊为了缓解对喉头的压迫，常表现头颈伸直，喉头外部敏感性增高，触之即咳。

【防治方案】

（1）诱导方法：4.3.1 合剂涂擦咽喉外部皮肤上。

（2）草药疗法：知母、半夏、桔梗各 10 克，贝母、冬花、胖大海各 20 克，煎服。

5. 支气管炎

支气管炎是上呼吸道的急性、渗出性炎症，以咳嗽和呼吸困难为特征。

【发病机制】在羊体质差、外界气候恶劣的情况下，机体抗病力不强，加之外因刺激，如感冒，吸入有毒气体、烟尘或过敏性物质如花粉、毒草的刺激，使气管黏膜充血、肿胀，渗出液增加，咳嗽加剧（为了排出痰液）。由于肿胀，支气管管腔变细，气流通过困难，出现呼吸困难。

【诊断要点】

（1）频频咳嗽，初为短而干咳后变成长而湿咳。

（2）大量流清涕，痰液增多，呼吸音迫促。

（3）可视黏膜发绀，严重时体温升高，肺部啰音增大。

【防治方案】

（1）鱼腥草注射液 10 毫升、地塞米松 5 毫升、庆大霉素 8 万单位，1 次肌内注射，1 天 1 次，连用 2 天。

（2）炒莱菔子 20 克、鸡蛋 2 个，1 次服用。

（3）生姜 20 克、红糖 20 克，煎汁后加入非那根 0.1 克，1 次灌服，1 天 1 次，连服 3 天。

6. 肺炎

肺炎是指肺的实质（肺泡）和肺的间质发生的炎症。以高热、咳嗽、流脓性鼻涕为特征。

【发病机制】原发性肺炎是由于机体抵抗力差，加之外界气候恶劣的影响而发病。继发性肺炎多见于病毒和细菌感染，如巴氏杆菌、链球菌等。在病因作用下，肺组织充血、水肿，渗出液增加，使肺的气体交换受阻，为了弥补机体氧气不足，以增加呼吸次数来解决。因为微生物的作用，引起体温上升，又加重肺内呼吸量负担，最后形成恶性循环，甚至危及生命。

【诊断要点】

（1）呼吸浅表，疼痛性咳嗽，流脓性鼻涕，眼结膜充血、流泪。

（2）体温升高至 41~42℃，持续不退。

（3）食欲反刍停止，大便秘结。

（4）严重时心悸亢进，呼吸困难，流带血黏稠鼻涕。由于细菌转移，有时四肢关节发炎，出现跛行，名曰"肺痛把跨"。

【防治方案】

（1）青霉素 240 万单位、链霉素 100 万单位、注射用水 10 毫升，1 次肌内注射，1 天 2 次，连用 4 天。

（2）0.5%环丙沙星按每千克体重0.5毫升1次肌内注射，1天1次，连用3天。

（3）为了缓解呼吸困难，可用地塞米松10毫克、10%安钠咖5毫升1次肌内注射。

7. 化脓性肺炎

化脓性肺炎是在肺叶内出现化脓病灶，数量多少不一，有时整个肺叶被化脓菌侵蚀，形成脓胸。以流脓性鼻涕、高热、出现脓毒败血症为特征。

【发病机制】当羊体局部为化脓灶，如体表化脓灶或内脏化脓灶均可引起肺内发生脓疱，化脓菌进入血液中移行至肺内组织，形成若干个脓疱，数个脓疱融合，造成整叶肺溶解形成脓胸。

【诊断要点】

（1）精神高度苦闷，体表淋巴结肿大，饮食欲废绝，阵发性、痛苦性咳嗽。

（2）体温升高至41～42℃，眼结膜贫血，可视黏膜发黄，毛燥吊肷，腹围紧缩。

（3）大便秘结，尿少而黄，个别关节肿大。

（4）鼻流脓性、污秽鼻涕，附着于鼻孔周围。

【防治方案】

（1）10%磺胺嘧啶针20～30毫升，5%糖盐水300毫升，1次静脉注射，1天1次，连用3天。

（2）螺旋霉素按每千克体重30毫克、非那根0.1克，1次内服，1天2次，连服3天。

8. 肺坏疽

肺坏疽又叫异物性肺炎，是由于异物进入肺内，引起肺组织腐败分解的疾病。以呼吸困难、高热、呼出甜臭气、从鼻孔流出红褐色坏死组织碎片为特征。

【发病机制】常因咽喉麻痹、会厌软骨失灵，使口内食物或液体进入肺内，也有因粗暴性投药以及胸壁外伤，导致异物入肺而致病，最后因出现败血症而死亡。

【诊断要点】

（1）体温升高至41～42℃，呼吸极度困难。

（2）从鼻孔流红褐色鼻涕，臭气难闻，距离羊10米以外即可闻到臭气。

【防治方案】

（1）病初在突然出现剧咳和休克过后，立即用青霉素240万单位、链霉素100万单位、0.25%奴佛卡因10毫升混合，溶解后缓慢注入气管内，每天1次，连续3天。

（2）若治疗不及时，一旦出现流恶臭鼻涕，即无治愈希望。

六、泌尿系统疾病

1. 尿路炎

尿路炎是指尿道和输尿管的炎症。以排尿异常、尿频、排尿痛苦为特征。

【发病机制】凡对尿道有刺激的毒素和药物，经尿道排泄时会对尿道造成伤害，如机体本身代谢产生的毒素或感染性疾病。微生物产生的毒素以及有刺激性的药物，如松节油等，能引起尿道充血、肿胀，使尿道管腔变细，加之炎性分泌物存在，严重影响尿液的通过，导致膀胱积尿，甚至出现尿毒症。

【诊断要点】

（1）排尿时用力努责，排尿次数增多。

（2）排出的尿颜色重、浓度高、黏稠。

（3）尿液中含有黏液和血，尿道肿胀。

（4）全身症状严重，饮食欲大减，精神沉闷，呆立一隅。

【防治方案】

（1）呋喃坦啶 300 毫克、乌洛托品 1 克、小苏打 10 克，1 次内服，1 天 2 次，连服 3 天。

（2）草药疗法：瞿麦、木通、萹蓄、黄柏各 15 克，云苓 10 克，1 次煎服，1 天 1 剂，连服 4 天。

2. 肾炎

肾脏的皮质和髓质出现炎症，使机体的尿生成和排出发生严重障碍叫肾炎，俗称"大肾病"。特征是全身水肿和腰背拱起。

【发病机制】各种中毒和细菌产生的毒素经肾过滤和排泄时，首先刺激肾小球和肾小管，发生充血，肿胀，功能障碍，使机体代谢产生的尿素排泄困难，过多的尿素在组织间蓄积，引起氨中毒，即尿毒症。

【诊断要点】

（1）本病呈慢性经过，很少突然表现症状。病初饮食欲大减，腰部疼痛，行走时拱背，双后肢叉开，走动缓慢。

（2）经常做排尿姿势，排尿量少，尿液黏稠，有时尿中有血丝。

（3）心音强盛，心音分裂。

（4）全身皮薄毛少处水肿，如眼皮、颌下、腹下、阴囊处积水肿胀。

【防治方案】

（1）采取限制采食和饮水，进行饥饿疗法，以减轻肾脏负担。

（2）青霉素 400 万单位溶于 5% 葡萄糖水中静脉滴注，1 天 1 次，连用 3 天。

（3）草药疗法：鱼腥草、金钱草、车前子、蝼蛄、柳树根各 30 克，煎服，1 天 1 剂，连服 5 天。

3. 化脓性肾炎

化脓性肾炎是由葡萄球菌和肾棒状杆菌共同作用引起的肾病。以腰部剧痛、运动障碍为特征。

【发病机制】致病菌在肾区繁殖生长时，破坏肾组织，引起肾肿大，压迫周围神经和血管，出现剧烈疼痛，饮食欲、新陈代谢、运动功能出现异常，全身处于恶病质状态，各种生理现象失调。

【诊断要点】

（1）脊背拱起，腰硬，腿僵，行走时步态紧张，双后肢拖行。

（2）体温升高至 40℃以上，饮食欲大减，全身寒战，落于群后，或独自呆立一隅。

（3）尿液混浊，尿中混有絮状物。

（4）本病多为单侧性肾病，很少左右两个肾都发病。

【防治方案】

（1）青霉素治疗，方法同肾炎。

（2）螺旋霉素按每千克体重 20 毫克 1 次内服，1 天 2 次，连服 3 天。

（3）环丙沙星按每千克体重 0.5 毫升 1 次肌内注射，1 天 1 次，连用 3 天。

4. 膀胱炎

膀胱炎是膀胱黏膜的急性浆液性炎症。以尿频和尿液混浊为特征。

【发病机制】膀胱是暂时存储尿液的地方，上口接肾输尿管，下口接尿道口，它的发炎主要来自内毒素和尿道细菌的上行感染。前者因内服有刺激性的挥发性樟脑、蕨菜等；后者因尿道细菌感染，继发膀胱感染。由于炎症刺激，反射性引起欲尿急而无尿排出。

【诊断要点】

（1）明显排尿次数增多，排尿时疼痛不安。

（2）常做排尿姿势，频频努责，只见少量尿滴出。

（3）尿液混浊，浓度、黏度大。

【防治方案】

（1）青霉素 320 万单位、庆大霉素 8 万单位、5%葡萄糖 300 毫升混合，1 次静脉滴注，1 天 1 次，连用 3 天。

（2）草药疗法：木通、瞿麦、公英、赤芍、萹蓄、灯芯草各 20 克，煎服。

（3）若系母羊，可用 0.1%雷佛奴尔冲洗膀胱后，同时注入 10%磺胺嘧啶 20

毫升。

【专家提示】快速诊断：接病羊鲜尿少许，用 pH 试纸试验，若呈酸性反应，即为阳性。

5. 血尿

这里的血尿是指泌尿系统无炎性存在的渗出性、慢性，并且没有明显全身症状的疾病，但日久会引起贫血和生长缓慢。

【发病机制】机体在极度消耗的情况下，营养跟不上，尽管饮食欲增加，也会出现血液渗透压改变和溶血现象。 如高产奶羊妊娠后期和慢性蕨类植物中毒，均有本病发生。 泌尿系统的某个部位慢性渗出性出血，也在这个范围。

【诊断要点】血尿可分为三型。

（1）肾型：肾脏性血尿，尿液呈黑褐色，血液和尿均匀混合。

（2）膀胱型：每次排尿末尾阶段，才出现血尿，呈红色，并含有血丝。

（3）尿道型：在每次排尿开始阶段，就首先排出鲜红色血尿。

以上三种情况的血尿并非经常出现，而是有轻有重，呈间歇性反复发作。

【防治方案】首先针对病因，进行对症治疗，解除病因作用，才能进行以下疗法。

（1）肌内注射维生素 K_3 20~40 毫克。

（2）10%氯化钙 20 毫升、5%葡萄糖 300 毫升，1 次静脉注射。

（3）当归 30 克、瞿麦 20 克、赤芍 30 克、血余炭 10 克、阿胶 10 克，1 次煎服。

（4）小蓟 30 克、韭菜 20 克，人工往羊口中填饲，1 天 1 次，连饲 3 天。

6. 尿结石

尿结石是由于尿液的化学成分改变，酸碱度失去平衡后，尿中的无机盐析出结晶而形成的。

【发病机制】当长期饲喂棉籽饼、麸皮等单一饲料，尤其缺乏青绿饲料的情况下尿液出现偏酸性化，在缺乏维生素 A 时，泌尿系统上皮细胞角化脱落，成为尿结石的"核"，极易形成尿结石。

【诊断要点】

（1）尿道口经常附有白色附着物。

（2）公羊阴茎 S 弯曲部出现肿大，尿道口水肿。

（3）频频排尿，排尿费力且疼痛。

（4）排尿困难，呈间歇性、周期性发作，时轻时重。

【防治方案】首先纠正不合理的喂养方法，然后采取以下药物和手术治疗。

（1）在病初症状轻微时用醋酸钾 3 克、小苏打 10 克 1 次内服，1 天 2 次，连服 5 天。

（2）星星草 30 克、柳树红根（水中生的根）60 克、玉米须（玉米雌花）20 克，煎服，1 天 1 次，连服 5 天。

（3）对严重尿结石如 S 弯曲和尿道结石、膀胱结石，须采用手术治疗。

7. 包皮炎

包皮炎是公羊常见病，是龟头及包皮发炎的阴鞘下垂疾病，又叫尿道口闭锁。以排尿不畅为特征。

【发病机制】每当阴茎回缩时，阴鞘腔空虚，会积存残余尿液和异物、尿沉渣等，在尿素的分解菌和棒状杆菌作用下，引起包皮和阴鞘感染发炎，严重时波及龟头。

【诊断要点】

（1）去势公羊发病率最高，病初局部肿胀，阴鞘积尿胀大下垂。

（2）尿道口分泌物多，呈水湿样，周围附着有很多异物、草渣等。

（3）排尿受阻，排尿时间延长，不成大流，呈细流或滴状排出尿液。

【防治方案】首先清洗、消毒、清除阴鞘内异物，用 2%硼酸水冲洗龟头，并在龟头上涂金霉素软膏（金霉素 5 克、奴佛卡因粉 5 克、枯矾 3 克、凡士林 100 克，均匀调和即成），每天清洗消毒，涂药 1 次。

8. 睾丸炎

睾丸炎是睾丸的实质性炎症，多见种公羊单侧睾丸炎。以局部阴囊胀大下垂、皮温增高为特征。

【发病机制】在病原作用下，传染病、微生物、配种不当、外伤性创伤都可引起睾丸内血液循环障碍，出现渗出性增加，充血肿胀，疼痛功能障碍，严重时能引起全身性症状，如体温升高、发生败血症、睾丸萎缩，丧失配种能力。

【诊断要点】

（1）外观睾丸肿大下垂，触之坚硬，有炽热感，拱背，两后肢叉开。

（2）严重时体温升高至 40~41℃，食欲大减，阴囊水肿，鼠蹊淋巴结肿大。

【防治方案】

（1）先锋霉素 0.5 克溶于 5%葡萄糖 300 毫升中，1 次静脉滴注。

（2）0.25%奴佛卡因 20 毫升、青霉素 80 万单位注射于阴囊部四周（分点注射），此封闭疗法间隔 3 天 1 次，疗效可靠。

七、中毒性疾病

1. 紫茎泽兰中毒

紫茎泽兰，又叫佩兰，属双子叶菊科多年生草本植物，茎直立，高60~100厘米，叶对生，头状花序，花紫红色。分布很广，农、牧区均有生长。有毒成分主要是有挥发性的香豆精油。中毒后以急性出血和泌尿器官炎症为特征。

【中毒机制】当有毒物质被吸收进入血液后，首先破坏凝血酶原，引起血液成分改变，渗透压增高，出现溶血和出血。有毒物质刺激内脏浆膜出现急性炎症，肾、肝出现急性炎症，如充血、肿胀、疼痛、功能障碍。由于毒素作用，引起组织间不能利用体液中的葡萄糖，血糖和尿糖升高，呈突发性糖尿病，致使心、肺、肾衰竭而死亡。

【诊断要点】

(1)急性中毒，当大量采食紫茎泽兰3~4小时后，表现眼球突出、瞳孔散大，全身震颤、抽搐，尿失禁呈淋漓状，尿液呈粉红色，视力减退，呼吸困难，心跳频速。

(2)慢性中毒，每天采食量小，但经多次误食，表现为食欲大减，精神不振，流口水和流鼻涕，行走无力，呼吸迫促，体温低于常温，可视黏膜有出血点，尿呈浓茶色。

(3)剖检见尸僵不全，血液不凝固，肾脏肿大，心内外膜有出血点，心肌软弱，脾瘀血。

【防治方案】

(1)采食后未出现明显症状时可先洗胃，后内服盐类泻剂硫酸镁50~60克。

(2)已经出现症状时，应立即内服氧化镁10克、活性炭20克，加水500毫升1次灌服。

(3)肌内注射胰岛素。

(4)静脉注射10%葡萄糖300毫升、维生素K_3 1~2毫升。

2. 蕨中毒

蕨为低等孢子植物，又叫毛叶蕨，喜生长在沟、塘、河边潮湿处。蕨根茎粗大，匍匐生长，叶长达1米，叶面有黑色茸毛，叶革质，边缘反卷。有毒成分是硫胺酶和蕨苷，以体温升高、大小便带血为本病特征。

【中毒机制】一次采食大量蕨叶和幼苗及干燥老叶都会引起急性中毒，经常采食少量蕨叶也会出现蓄积性中毒。由于蕨叶中的硫胺酶能抑制骨髓功能，引起血小板及颗粒白细胞减少，直接使机体毛细血管变得易破裂，导致血液大量渗出，造成红细胞大量减少，出现贫血性黄疸。 由于内脏出血，出现急性出血性炎症，体温升高。 蕨苷经肾排入膀胱中，在碱性环境中转变成致癌原 D- 二烯酮，引起膀胱癌，出现血尿。

【诊断要点】

(1)急性中毒病羊多系体壮膘好、食量大的羊，突然一次采食大量蕨幼苗，2~3 天后，出现食欲废绝。 有的病羊发病 2~3 天后体温升高至 40~41℃，大量流涎，可视黏膜贫血，且有出血点，泌乳停止，呼吸、心跳加快，流血性鼻涕，腹下、乳房、会阴部皮肤黄染或苍白，并有出血点。

(2)慢性中毒是经常采食少量蕨叶引起的蓄积性中毒，主要表现为食欲下降，间歇性血尿，贫血，消瘦，颌下水肿。

(3)剖检见血凝不全，血液水样不凝固，尸僵不全。 各脏器的浆膜有瘀血、出血，肝脏肿大，膀胱黏膜有充血、出血点和坏死斑，皮下脂肪、结缔组织有片状出血或瘀血斑。

【防治方案】

(1)立即停止饲喂蕨类，不在蕨类生长的地方放牧。

(2)10%葡萄糖 300 毫升、10%安钠咖 5 毫升、维生素 C 10 毫升 1 次静脉注射，1 天 1 次，连用 3 天。

(3)维生素 K 40 毫克 1 次肌内注射。

(4)咽喉肿痛时，用 1%硫酸阿托品 0.2~0.5 毫升皮下注射。

提示 蕨菜中毒易和血孢子病相混淆，两者的区别是：前者淋巴结不肿大，后者在体表可找到蜱。

3. 青冈树叶中毒(柞树叶)

青冈又叫柞栎，属显花植物裸子落叶乔木，树干高达 20 米，也有呈丛生灌木林，叶呈倒卵圆形，叶边呈锯齿状，叶脉下面隆起，果外有刺状外壳。 有毒成分是栎丹宁(鞣酸)，以排尿障碍、消化紊乱和皮下水肿为特征。

【中毒机制】栎丹宁进入消化道，首先和胃肠黏膜组织蛋白结合，生成鞣酸蛋白，使胃肠消化功能紊乱，胃肠内容物下行困难，出现异常生化反应，生成酚类化合物，从而刺激消化道和泌尿道发生炎症，如胃肠黏膜脱落坏死，肾小管上皮细胞变性，肾小球肿胀，出现尿生成和排出困难，形成机体新陈代谢紊乱。

【诊断要点】

(1)多数在连续采食青冈叶 5~15 天后出现中毒症状，有明显季节性，发生在每年 4~5 月。

(2)病初精神沉郁，采食量大减，喜食干草而拒食青草，尿量减少，排粪困难、粪球小而黑。

（3）严重时前胃弛缓，不吃不反刍，先便秘后下痢。

（4）在胸前、颌下、腹下出现水肿，病程 7~10 天。

（5）剖检见皮下结缔组织水肿，有胶样浸润，胃肠黏膜出血、水肿、脱落，肾脏出血肿胀，重瓣胃阻塞，内容物干燥硬结。

【病初快速确诊方法】取 1%三氯化铁酒精溶液 2 滴，滴在被检鲜尿中 2 滴，若立即出现蓝黑色反应，即可证明尿中有栎丹宁存在，可早期确诊本病。

【防治方案】

（1）每年早春时期禁止在有栎树坡地放牧，尤其禁用刚萌芽的呈红紫色的嫩叶喂羊。

（2）内服油类泻剂，即蓖麻油 100 毫升、小苏打 15 克混合物。

（3）25%葡萄糖 300 毫升、5%氯化钙 50 毫升，1 次静脉注射，1 天 1 次，连用 3 天。

4. 棘豆中毒

棘豆又叫醉马草，属双子叶多年生豆科植物，单数羽状复叶，总状花序顶生，开黄色总状花穗，棘豆种类多达 20 余种，外观大同小异，但均含有毒性，其中以大黄花棘豆毒性最强，其次是小花棘豆。有毒成分主要是生物碱，以慢性经过、神经紊乱、双目失明、行走摇摆为特征。

【中毒机制】引起羊棘豆中毒的有毒成分是生物碱。该生物碱被机体吸收后，呈慢性经过，抑制血清中的 α-甘露苷酶的活性，引起实质器官主要是肝、肾、脑广泛空泡变性；对神经系统的损害具有特异性，出现运动障碍，视力减退；还能选择性损害生殖系统，如胎盘、卵巢、睾丸，抑制其生长发育，同时血液中尿素氮含量升高，而 α-甘露苷酶活性下降，尿中聚糖含量升高。另外棘豆的茎叶和种子中，含微量元素硒特别多，引起硒中毒也是致死的原因之一。

【诊断要点】

（1）本病有明显季节性，多发生于每年春夏之交。

（2）呈慢性神经中毒过程，很少突然发病。

（3）进行性精神沉郁，消瘦，食欲下降，全身浮肿，厌食青草。

（4）易惊恐，对光、声刺激敏感。

（5）四肢软弱，行走如酒醉状，唇下垂，舌麻痹伸出口外。

（6）孕羊多流产，所产胎儿均死亡。

【防治方案】

（1）内服硫酸钠 50~100 克。

(2)绿豆 30 克、六一散 30 克，1 次煎服，每天 1 次，连服 5 天。

5. 醉马草中毒

醉马草为多年生禾本科单子叶颖果草本植物，须根丛生，秆直立、分节，高 1 米左右，圆锥花序。有毒成分是生物碱，主要存在于果穗的芒及颖片中，采食青绿株和干燥后的醉马草，以及芒刺刺伤皮肤均会发生中毒。以突然出现站立不稳、卧地不起、眼结膜肿胀为特征。

【中毒机制】醉马草所含的生物碱是一种强烈过敏原，当羊采食或被芒刺刺伤，即发生过敏性全身性反应，如受伤处出血、浮肿，甚至溃烂，严重时出现休克，甚至死亡。

【诊断要点】

(1)多在接触和采食后 10~20 分钟出现中毒症状，病初精神沉郁，口吐白沫，站立不稳，行走困难，瘤胃臌气。

(2)皮肤刺伤处，如口腔、下颌、四肢皮肤、乳房处有出血斑、浮肿。若刺伤眼部，除局部肿胀外，还会失去视觉。

【防治方案】

(1)立即内服食醋 100~200 毫升。

(2)肌内注射扑尔敏每千克体重 0.25 毫克。

(3)10% 葡萄糖 300 毫升、葡萄糖酸钙 50 毫升，1 次静脉注射。

6. 刺槐中毒

刺槐又叫洋槐，属豆科落叶乔木，也有丛生灌木，叶互生，羽状复叶，穗状花序，每年 4 月开白色蝶形花，结绿色荚果。有毒成分为毒蛋白及皂苷，树皮含毒量最高，叶子只在 7~8 月含毒，其他月份几乎不含毒素，以中毒后出现全身发抖、咬肌痉挛为特征。

【中毒机制】刺槐的毒素是一种强烈亲神经毒素，引起神经功能紊乱。中毒初期表现高度兴奋，对光、声极度敏感，如患破伤风样；严重时全身麻痹，甚至危及心、肺，很快死亡(24 小时内)。

【诊断要点】

(1)口吐白沫，全身僵硬，局部肌肉抽搐。

(2)病初焦躁不安，无目的奔跑、鸣叫，似腹痛样，脉搏、呼吸加快。

(3)严重时卧地昏迷不动，心、肺活动减慢，全身肌肉松弛无力。

(4)剖检见胃肠黏膜充血，其他变化不大。

【防治方案】

(1)立即肌内注射安定，按每千克体重 1~3 毫克 1 次注射。

（2）鞣酸 5 克、活性炭 10 克，1 次内服。

（3）放静脉血 50~60 毫升后，静脉注射 10% 葡萄糖 300 毫升、氯化钾注射液 10 毫升。

7. 紫杉叶中毒

紫杉是针叶常绿乔木，种子裸露无果皮，常作为绿化环境、庭院、道路两旁栽种树木。有毒成分是紫杉碱和紫杉丹宁。中毒特征是起病急、病程短、死亡快和心跳缓慢。

【中毒机制】该毒素主要抑制中枢神经系统，引起血液循环和呼吸功能紊乱，严重影响机体新陈代谢和气体交换，出现自体中毒，体液酸碱失衡而危及生命。

【诊断要点】

（1）羊采食紫杉鲜叶和干叶之后，多在 1.5~3 小时出现症状。

（2）以膘情良好、体壮、食量大的羊首先发病。

（3）精神高度沉郁，食欲废绝，呼吸加快，达每分钟 50 次，心跳次数减少。

（4）严重时肌肉抽搐，起卧不安，瘤胃臌气，步态不稳。

【防治方案】

（1）立即内服鞣酸蛋白 5 克、氧化镁 5 克。

（2）10% 安钠咖 5 毫升，1 次肌内注射。

（3）1% 硫酸阿托品 0.2~0.6 毫升，1 次皮下注射。

8. 夹竹桃中毒

夹竹桃属多年生灌木，叶对生或 3 叶轮生，复伞花序，开红花，也有开白花的，皮或叶汁呈乳汁样，荚形果。喜热怕寒，气温不低于 10℃ 时常年开花。农家庭院常为观赏花木广为栽培，有毒成分为强心苷，类似毛地黄。中毒后表现视力障碍，全身抽搐，心跳频率缓慢。

【中毒机制】夹竹桃的毒质"强心苷"，直接影响心脏窦房结，使自律性降低，引起心跳缓慢，全身血行障碍，尤其心肌营养不足，导致心肌纤维变性，甚至肌纤维断裂坏死。由于肾脏血流量减少，压力下降，过滤性降低，泌尿性能降低，出现无尿症。

【诊断要点】

（1）羊采食 2 片夹竹桃鲜叶就会在 3~5 小时内中毒死亡。

（2）初期表现兴奋不安，食欲停止，大量流涎。

（3）心跳缓慢、有间歇，每分钟 35 次，心律失常。

（4）病至后期，心肌痉挛，出现震颤音，两个心音混浊分不清。

（5）剖检见心内外膜出血，肺水肿，其他无显著变化。

【防治方案】

(1)发现羊误食后,立即用 0.1%高锰酸钾洗胃,同时内服鞣酸、木炭、氧化镁各 5 克。

(2)皮下注射 1%硫酸阿托品 0.5~0.6 毫升,以纠正心跳缓慢。

(3)10%氯化钾 10 毫升、10%葡萄糖 200 毫升,1 次静脉注射。

9. 桃树叶中毒

桃树属双子叶落叶乔木,初春开粉红 5 瓣花,结核果,单叶对生。 全株都含有毒性很强的氰化物。 羊采食青嫩枝条和叶子就会中毒,叶子干后毒性降低或无毒性。

【中毒机制】 当羊采食过多青嫩桃树枝条或叶子后,氰化物被吸收进入血液中,首先和血细胞色素酶的三价铁结合,使细胞的氧化代谢发生障碍,出现机体组织缺氧,这时组织细胞因缺氧而呈青紫色,最后因机体缺氧而死亡。

【诊断要点】

(1)多见于每年 4~6 月,羊采食桃树叶后,1~3 小时发病,表现兴奋不安、尖叫,全身发抖,口吐白沫。

(2)可视黏膜鲜红,皮肤尤其鼻唇、耳尖青紫色。

(3)瞳孔散大,视力障碍,心跳徐缓,1~2 小时倒地昏迷而死。

【防治方案】亚硝酸钠每千克体重 5 毫克,溶于 50 毫升注射水中,1 次静脉滴注,接着再静脉注射 10%硫代硫酸钠 30~50 毫升。

10. 草木樨中毒

草木樨别名野苜蓿,属豆科二年生草本,茎直立,多分枝,叶椭圆形羽状,边缘有小齿,总状花序腋生,花冠蝶形,荚果镰刀状,草木樨含有豆香素,有怪味但无毒性,腐败后转为剧毒。 羊采食腐败草木樨中毒后特征是出血素质,诸黏膜出血,精神高度沉郁。

【中毒机制】草木樨青嫩植株中含有香豆素,收割后保管不当,发热腐败后能使香豆素转化为双香豆素,称为"苜蓿酚",这种双香豆素被机体吸收后能够抑制肝脏中凝血酶原合成,使血管壁通透性增强,易出血,且因血不易凝固失去止血作用而表现流血不止。

【诊断要点】

(1)羊采食腐败草木樨 2~3 天后出现食欲废绝,精神沉郁,步态不稳如酒醉状,走数步即卧地,可视黏膜发绀、有出血点。

(2)鼻孔流血,粪便中混有血液。

(3)剖检见内脏黏膜和浆膜有弥漫性出血。

【防治方案】

（1）立即肌内注射 0.5%安络血 2~4 毫升，每天注射 2~3 次。

（2）内服中药：棕炭 20 克、侧柏叶 20 克、地榆炭 10 克、血余炭 10 克、阿胶 20 克煎服，每天 1 次，连服 3 天。

（3）10%葡萄糖 300 毫升、10%氯化钙 10 毫升，1 次静脉注射，每天 2 次。

【专家提示】凡利用草木樨饲料者，必须注意加工处理，鲜食少喂，最好晒干后干喂。千万不要趁湿堆积，防止发热腐败变质后产生毒素。

11. 蓖麻叶中毒

蓖麻为大戟科一年生油料作物，茎三叉状分枝，单叶互生有长柄，叶掌形，有对称大叶裂，叶脉粗大呈紫红色，球果外皮有刺，其茎叶和种子均含有毒蛋白、生物碱和蓖麻素，中毒后特征是急性瘤胃臌气，全身震颤，口吐白沫。

【中毒机制】蓖麻毒蛋白是一种亲神经毒素，吸收快，发病急，羊采食后 15~30 分钟即会出现全身性神经紊乱，先兴奋后抑制，全身各器官呈瘫痪状态，所以，多数严重中毒从发病到死亡仅 30 分钟。1 只羊采食 5 粒新鲜蓖麻种子即会表现明显中毒，一次采食 10 粒种子，就会很快死亡。

【诊断要点】

（1）突然倒地，肚胀如鼓，四肢发抖，仰头伸颈鸣叫。

（2）口吐白沫，可视黏膜苍白，体温下降。

（3）症状轻的羊表现神经紊乱，双目失明，头顶墙或其他物体不动，口唇抽搐。

【防治方案】

（1）地塞米松 2~3 毫升，1 次肌内注射。

（2）白酒 50~100 毫升，1 次灌服。

（3）为了改进呼吸和心跳，可用 1%硫酸阿托品 0.2~0.5 毫升 1 次皮下注射。

12. 蜡梅中毒

蜡梅又叫"铁筷子"，属落叶阔叶乔木，叶对生，革质，椭圆形，农历腊月开芳香黄花，结蒴果。庭院常有栽培，有毒成分为生物碱，中毒后特征类似破伤风症状，全身强直性痉挛。

【中毒机制】蜡梅的有毒物质主要存在于嫩叶和种子内。每年 3 月，蜡梅叶萌发，羊在春季"捕青"常因误食中毒。毒素主要危害延脑和脊髓，引起脑脊髓兴奋性增高，类似士的宁的药理作用，出现全身性横纹肌强直性痉挛，并使心肌衰竭，血行受阻。

【诊断要点】

（1）多在采食后 2~3 小时出现症状，初期精神沉郁，呼吸迫促，随后很快出现惊恐、双耳直立、眼睑抽搐。严重时四肢直立、僵硬，夹尾巴，伸颈、伸头。

（2）对声音、强光过敏。

（3）经常排尿，心跳达 100 次/分，两肷部扇动。

【防治方案】

（1）首先将病羊置于安静阴暗处，尽量避免外界声光刺激。

（2）溴化钙注射液 10 毫升、10% 葡萄糖 300 毫升，1 次静脉注射。

（3）25% 硫酸镁 20 毫升 1 次肌内注射。

13. 荞麦中毒

荞麦属蓼科一年生农作物，生长期短，仅 70 天。茎紫红色，节膨大，叶互生，椭圆形，叶脉红色，穗状花序，花红色，种子三棱形黑色，全株含有荞麦感光素。羊采食后中毒特征是在阳光照射下引起皮肤发炎、水肿、起疱和坏死。

【中毒机制】荞麦秆、穗、叶，尤其青绿株叶，都含有光能效应物质——原荞麦素。羊采食吸收后经血液进入皮肤无色素区，蓄积数天之久，当羊被阳光照射后，原荞麦素迅速转化为荞麦素变成如"松节油"样强发泡剂，伤害机体皮肤和组织器官。有色素的黑色皮毛羊和未经日光照射的羊不会发病。

【诊断要点】

（1）荞麦的幼苗、收获后的秸秆、果皮均含有毒素，尤其开花期全株含毒最多。羊采食吸收后毒素可在体内蓄积达数天以上，即 7 天前采食过荞麦，后经日光照射仍会发病。

（2）日光照射后 2~3 小时发病，眼睑、耳、鼻、咽严重水肿，背部皮肤出现红斑性皮炎、肿胀、剧痒，6~8 天后皮肤枯干结痂、脱落。

（3）严重病例除上述症状外，呼吸高度困难，全身痉挛，很快窒息死亡。

（4）剖检见皮肤充血呈紫黑色，胃中含有恶臭的绿色食糜，胃黏膜充血，心脏瘀血、水肿。

【防治方案】

（1）立即将羊置于避光阴暗处。

（2）内服盐类泻剂硫酸钠 80~100 克。

（3）肌内注射地塞米松 2~3 毫升、维生素 B_1 2~3 毫升。

（4）对发炎的局部皮肤涂擦甲紫。

14. 闹羊花中毒

闹羊花又叫羊踯躅，属杜鹃科落叶灌木，高 1~2 米，叶互生，有长柄，小叶轮生出复叶，先开花后出叶，顶生伞形花序，金黄花，有毒成分为杜鹃素。羊采食中毒后特征是心跳缓慢，行走如醉酒状。

【中毒机制】杜鹃素能抑制心脏神经传导系统，尤其窦房神经节，引起心律失常，心跳缓慢出现间歇，血压下降，出现麻痹性呼吸困难。

【诊断要点】

（1）每年 3~4 月闹羊花萌发新花叶，羊捕青误食后 2~3 小时发病，叫声嘶哑，可视黏膜贫血，全身发抖。

（2）病初口流大量唾液，腹泻，不停空嚼，精神沉郁，走路摇摆，运步失调，行走如醉。

（3）心跳和呼吸变慢，咬牙，昏迷，瞳孔散大，严重时全身麻痹，卧地，昏睡而死。

【防治方案】

（1）1%阿托品 0.5~1 毫升、10%安钠咖 5 毫升，1 次皮下注射。

（2）鸡蛋 2 个、白糖 30 克混合溶解后 1 次灌服。

（3）绿豆 100 克、甘草 30 克共研细粉，1 次灌服。

15. 奶山羊喜树叶中毒

喜树为桐科落叶乔木，单叶互生，叶柄红色，夏季开绿色小花，叶可供药用，有抗癌和抑菌作用。有毒成分为毒蛋白，羊采食中毒后的特征是精神高度沉郁，水样腹泻，体温下降。

【中毒机制】目前尚不清楚，有毒物质对中枢神经有明显抑制作用。

【诊断要点】

（1）多在采食后 4~6 小时发病。

（2）中毒后呈昏迷状，对外界反应迟钝，食欲反刍停止，瘤胃蠕动废绝，但肠蠕动亢进。

（3）泌乳停止，乳房收缩。

（4）做排粪姿势，努责，拉稀便，粪中带血，不停呻吟。

（5）剖检见胃肠中残存有喜树叶，肠壁尤其是小肠高度充血、出血，皮下疏松结缔组织苍白。

【防治方案】

（1）立即内服酸牛奶 500 毫升。

（2）肌内注射 1%硫酸阿托品 0.2~0.5 毫升。

（3）硫酸链霉素 2 克 1 次内服。

16. 线麻中毒

线麻又叫火麻，为一年生禾本科油料作物，高 1~2 米，叶对生或 3~6 叶轮生，顶穗伞状花序，蒴果球形。有毒成分是青嫩茎叶和种子含有的麻醉和抑制中枢神经的线麻苷和线麻酚。羊采食中毒后的特征是阵发性精神沉郁，双目失明，后躯麻痹。

【中毒机制】线麻苷被吸收后，选择性地作用于大脑神经，出现脑血管阵发性痉挛，致使脑组织供血不足，出现贫血眩晕，其中线麻酚还能引起神经细胞变性。

【诊断要点】

（1）羊采食线麻茎叶和种子以及线麻饼后，2~3小时就会出现中毒症状，表现低头无目的乱走动，采食和反刍停止，口吐白沫。

（2）拱背，全身发抖，步态不稳，东倒西歪，瞳孔散大，发出呻吟鸣叫声。

（3）病情严重时卧地不起，昏睡不醒，反应消失，体温下降，呼吸、心跳缓慢。

【防治方案】

（1）内服盐类泻剂硫酸钠50~100克。

（2）内服茶叶20克、红糖30克，煎水，1次灌服。

（3）10%葡萄糖300毫升、40%乌洛托品5毫升、20%安钠咖5毫升，1次静脉注射。

17. 灰灰菜中毒

灰灰菜又叫灰菜，属藜科一年生草本，茎直立，单叶互生，背面呈灰白色，正面有红紫色粉，穗状花序，花很小，绿叶红茎，早春发芽最早，有毒成分是有机碱和咔林质。以皮肤出现紫斑和荨麻疹为本病特征。

【中毒机制】羊采食多量灰灰菜后，首先引起碱中毒，出现维生素C缺乏症和出血素质；咔林质使皮肤对光敏感，日光照射后皮肤充血，皮下出血，出现日光性皮炎。

【诊断要点】

（1）羊采食过多灰灰菜后3~4小时，经日光照射部位皮肤变成紫红色，以头颈背部最明显。

（2）可视黏膜发绀，瞳孔散大，视力减退，眼睑和嘴唇水肿。

（3）体温升高至40~40.5℃，精神沉郁，呼吸迫促，拉稀，粪中带血。

【防治方案】

（1）10%葡萄糖300毫升、维生素C 10毫升，1次静脉注射。

（2）盐酸异丙嗪注射液按每千克体重1毫克，1次肌内注射。

（3）苯海拉明按每千克体重1.5毫克/次内服。

【专家提示】本病症状极似荞麦中毒，应详细分析加以区别。

18. 节节草中毒

节节草属孢子植物，木贼科多年生草本，茎直立丛生，不分枝，但分节，中空，顶端着生一孢子囊穗。有毒成分是毒芹素(生物碱)，中毒特征是黄疸和血尿。

【中毒机制】当羊采食多量节节草后，首先对胃肠黏膜有强烈刺激作用，引起消化道黏膜充血发炎。当有毒物质吸收进入血液后，伤害实质器官细胞，致使肝脏组织变性、坏死，出现实质性黄疸，肾组织变性、充血、出血，失去泌尿功能，而且该毒性还能伤害神经细胞，引起神经麻痹。

【诊断要点】

(1)羊一次采食大量节节草4~5小时后发病，表现为口吐白沫，神经沉郁，卧地不动。

(2)食欲、反刍停止，大量流眼泪，可视黏膜黄染。

(3)排尿困难，拱背凹腰，用力努责，尿液呈粉红色。

(4)孕羊常流产。

【防治方案】

(1)首先放静脉血50~100毫升，接着静脉注射10%葡萄糖300毫升。

(2)氨茶碱注射液5毫升，1次肌内注射。

(3)绿豆30克、六一散30克，共研细粉，1次灌服，每天1次，连服3天。

19. 苍耳中毒

苍耳又叫"猪耳朵菜"，属菊科一年生草本，高60厘米，茎直立，分枝，单叶互生，头状花序，果皮外被钩刺。全株有毒，毒素为苍耳苷和毒蛋白。中毒特征是全身性黄染和皮肤松软处水肿。

【中毒机制】苍耳苷吸收后直接损害内脏实质器官心、肾和肝脏，严重影响新陈代谢，出现全身性出血、黄疸和血尿。毒蛋白引起神经系统紊乱，兴奋不安，全身发抖。

【诊断要点】

(1)采食后2~3天出现症状，表现流涎，腹泻，兴奋不安，无目的地到处乱跑，阵发性抽搐。

(2)排尿减少，尿呈浓茶色，努责。

(3)可视黏膜发黄，并有散在出血点。

(4)眼睑、胸前、后肢内侧出现水肿。

(5)剖检见诸内脏浆膜黄染，并有出血点，肝、肾肿大。

【防治方案】

(1)10%葡萄糖300毫升、40%乌洛托品20毫升、维生素C5毫升，1次静脉注射，每天 1 次。

（2）肌内注射硝酸士的宁 0.5~1 毫升，能解苍耳苷的毒性。

（3）内服复合维生素 B 溶液，每次 20 毫升，每天 1 次。

20. 蒺藜中毒

蒺藜属一年生草本，多分枝，平铺地面生长，全株有白色茸毛，羽状复叶互生或对生，花黄色，种子外壳有硬钩刺，刺住皮肤有剧痛，俗称"蒺藜狗"。有毒成分是叶绿胆紫素，中毒后特征是急性过敏性皮炎，奇痒。

【中毒机制】蒺藜全株含叶绿胆紫素，尤其开花期 7~8 月毒性最强。羊采食吸收进入血液后，蓄积在皮肤内，经日光照射后，聚变为剧毒质，扩张毛细血管，引起出血和淋巴液回流困难，刺激神经末梢，引起奇痒，导致全身性代谢紊乱，皮肤坏死变性。

【诊断要点】

（1）突出症状是皮肤奇痒，病羊急躁不安，摇头，擦痒，用蹄踢痒处。

（2）颜面浮肿，整个头显得增大，双耳肿大下垂。

（3）鼻子肿而鼻孔变细，呼吸困难，口唇肿大而无法采食。

（4）严重时，局部皮肤会干枯坏死。

【防治方案】

（1）立即静脉注射葡萄糖酸钙 20~30 毫升。

（2）肌内注射 0.1% 肾上腺素 1 毫升。

（3）对肿胀严重处，可针刺放出毒水，同时用大安软膏涂擦。

21. 烂白菜中毒

白菜是含蛋白质性蔬菜，但当白菜保存不当堆积发热腐败后，会分解产生亚硝酸盐，成为剧毒物质，羊采食后往往发生致命性中毒。以突然倒地痉挛、口唇耳呈青紫色、很快死亡为特征。

【中毒机制】羊采食烂白菜后，亚硝酸盐被吸收进入血液中，与血细胞结合形成高铁血红蛋白，使血红蛋白失去与氧结合的能力，引起机体组织间缺氧，导致窒息而死亡。

【诊断要点】

（1）当羊采食大量烂白菜后 1~2 小时即出现中毒症状，表现突然极度不安，鸣叫，瘤胃臌气，口吐白沫，突然倒地，尿量增多。

（2）呼吸困难，全身皮肤苍白，唯有口唇舌呈黑紫色。

（3）静脉血呈酱油样。

【防治方案】

（1）用1%亚甲蓝注射液（亚甲蓝1克溶于10毫升酒精中后再加注射用水90毫升），按每千克体重0.2毫升1次肌内注射或静脉注射。

（2）5%硫代硫酸钠注射液30~40毫升1次肌内注射，或加入50%葡萄糖中400毫升，1次静脉注射。

附　鲜白菜中毒（草酸中毒）

羊一次采食鲜白菜过多也会出现中毒，不过这不是亚硝酸盐中毒，而是草酸中毒，因为鲜白菜中含草酸。中毒特征是水样腹泻和排尿困难。

【中毒机制】当羊一次采食多量鲜白菜后，大量草酸吸收进入血液中，与血液中钙离子结合，形成不溶性草酸钙，很快出现低血钙症和尿结石症，引起机体代谢紊乱，危及生命。

【诊断要点】

（1）突然出现精神沉郁，四肢无力，呆立不动，不停呻吟。

（2）全身寒战，出现连续性腹泻。

（3）拱背凹腰，做排尿姿势但无尿排出。

【防治方案】

（1）碳酸氢钠15克、鸡蛋2个、水500毫升，1次灌服。

（2）放静脉血50~100毫升，同时静脉注射10%葡萄糖300毫升、5%氯化钙30毫升。

（3）肌内注射速尿2毫升。

22. 断肠草中毒

断肠草因地区不同其名称各异，又叫雷公藤、黄藤、胡蔓草、水莽草等。属马前科常绿灌木，茎缠绕，叶对生，卵圆形，有叶柄，锥状花序，花冠漏斗状，蒴果。中毒后以视力减退、神经紊乱、呼吸麻痹和肌肉发抖为特征。

【中毒机制】该植物的根、茎、叶、花中均含有钩吻素，是极强烈的神经毒素，可使全身横纹肌麻痹，瞳孔散大，视力障碍，心跳和呼吸功能紊乱，最后心肺衰竭而很快死亡。

【诊断要点】

（1）羊采食断肠草半小时后即出现中毒表现，1~4小时死亡。

（2）病初全身肌肉先痉挛后转成松弛麻痹。

（3）病初心脏跳动缓慢，后转变成疾速而无力。

（4）病初出现深呼吸而且频率加快，很快转变为浅表性慢性呼吸。

【防治方案】

（1）首先内服 0.1%高锰酸钾 300~400 毫升。

（2）1%硫酸阿托品 0.2~0.5 毫升，1 次皮下注射。

（3）茶叶 30 克、绿豆 30 克，共研成粉，1 次内服。

23. 萱草根中毒

萱草又叫金针花菜或黄花菜，属百合科多年生草本，叶在根茎丛生，花柄直立，聚伞顶生花序，花色金黄，有毒物质萱草根素存在于根皮中。中毒后特征是双目失明，出现血尿。

【中毒机制】萱草根素被机体吸收后，在体内有蓄积作用，呈缓慢性发病过程，该毒素主要危害内脏实质器官、大脑和脊髓，尤其肝、肾，引起这些脏器出现功能紊乱，甚至失去生理功能。

【诊断要点】

（1）黄花菜属经济作物，每年 2~3 月是扩大种植季节，多将老根挖出，分根种植，将多余残根弃在地上，这时正值枯草期，常被羊采食而发生中毒。

（2）多在采食后 3~5 天才表现出症状，精神沉郁，饮食废绝，心跳加快，节律不齐，瞳孔散大，视力减退。

（3）阵发性头向后仰或弯向一侧，后肢软弱，跌倒后不能站起。

（4）病初大量排尿，后期出现排尿困难，并且尿呈血色。

（5）病程 2~4 天死亡。

【防治方案】目前尚无有效药物解救，只有提前防止羊到萱草移栽地区放牧。

24. 知母中毒

知母属百合科多年生草本，根茎横生，叶为狭线形，丛生，花紫色六瓣，荚果，有毒成分为皂苷，中毒后特征是可视黏膜黄染呈杏黄色，全身软弱呈衰竭状。

【中毒机制】羊采食或内服知母过量后，会损害肝脏的合成和分解功能，出现胆红素排出障碍，大量积聚在组织间，而且使"糖原"代谢受阻，出现血糖过低，机体内尿素生成和排泄障碍。

【诊断要点】

（1）食欲废绝，渴欲增加，心肺功能衰竭，四肢无力，难以行走，多卧少立。

（2）出现溶血性黄疸，尿呈槐麦水样。

（3）剖检见皮下疏松结缔组织黄色，肝肿大、色黄、质脆。

【防治方案】目前尚无解毒方法，只有禁止羊在有知母生长的地区放牧。若内服知母时，要严格掌握剂量，而且要防止连续服用。

25. 土豆中毒

土豆又叫马铃薯，属茄科，单叶互生，叶卵圆形，丛生。根上结数个卵圆形块根，其茎叶、块根、幼芽均含有毒质龙葵素，尤其块根萌发的幼芽毒性最强。羊中毒的特征是全身痉挛，皮肤出疹块性皮炎。

【中毒机制】一般秋末成熟的土豆含毒极微，未成熟的、刚萌芽的或腐烂的土豆含龙葵素最多。土豆的茎叶中还含有亚硝酸，茎叶腐烂也会变成亚硝酸盐而引起中毒，以上这两种毒质，均能刺激消化道黏膜，引起胃肠炎和肠出血。其中龙葵素对中枢神经有伤害和麻痹作用。

【诊断要点】

(1)当羊采食有毒土豆产品后，多在4~7天表现症状，如兴奋不安、口流黏涎、腹泻带血。

(2)严重时后肢软弱，全身震颤，可视黏膜发绀，眼结膜紫红色。

(3)慢性中毒皮肤出现湿疹，连片充血发炎。

【防治方案】

(1)急性中毒立即内服油类泻剂。

(2)1%亚甲蓝注射液按每千克体重0.1毫升，1次肌内注射。

(3)5%硫代硫酸钠针剂40毫升、10%葡萄糖300毫升，1次静脉注射。

(4)皮肤炎症可用甲紫涂擦。

26. 黑斑病红薯中毒

本病是由真菌寄生在红薯上，引起薯块干性坏死成黑色圆形硬疤，形成苦味质——"黑斑病薯病毒素"，羊采食这种病薯后发病。特征是皮肤呈黑紫色，心跳弱而快，四肢软弱，行走困难，体温升高至40~41℃。

【中毒机制】该苦味质存在于病薯和病薯加工后的副产品(渣类)以及育薯苗床的母薯和薯苗，而且该苦味质加热煮沸后仍保持毒性，羊采食以上物质均会发生中毒。该苦味质被吸收后进入机体，主要危害心肺功能，破坏机体内外呼吸和气体交换，最后多因窒息而死亡。

【诊断要点】

(1)本病发生有明显季节性，多于红薯收获季节和开春育薯苗期间发生。

(2)多在采食病薯后48小时发病，表现口吐白沫，拱背夹尾，后肢跛行。

(3)排粪干小而色黑，呼吸迫促，心跳快速。

(4)剖检见血液呈紫黑色，凝固不良，心肌有出血点，肾肿大有出血点。

【防治方案】

(1)首先放静脉血50~100毫升，接着静脉注射10%葡萄糖300毫升。

（2）10%硫代硫酸钠 30~50 毫升，5%维生素 C 5~10 毫升，1 次静脉注射，每天 1 次，连用 3 天。

27. 毒芹中毒

毒芹属禾本科伞形多年生草本，根茎粗短，茎高 1 米，粗大中空，上部分枝，叶互生，叶柄基部膨大成鞘状，叶片羽状全裂，复伞状花序小白花，有毒成分为生物碱——毒芹素。 中毒特征是中枢神经兴奋，频频排尿。

【中毒机制】毒芹素可兴奋运动中枢和脊髓，引起全身性强直痉挛，如破伤风样，血压突然升高，呼吸、心肺功能障碍，导致死亡。

【诊断要点】

（1）毒芹的叶、花有怪味羊不喜食，茎根具甜味，羊喜食，采食后 2~4 小时出现四肢强直，头向后仰，无意识乱蹦，频频排尿，尿呈浓茶色等症状。

（2）口吐白沫，出血性下痢，眼睑水肿，孕羊从阴户流出白色黏液。

（3）严重时呈阵发性癫痫样发作。

（4）剖检见皮下疏松组织出血，胃肠黏膜、膀胱黏膜充血。

【防治方案】

（1）鞣酸蛋白 5 克、活性炭 10 克，1 次内服。

（2）氯丙嗪按每千克体重 2 毫克，1 次肌内注射（总量不得超过 50 毫克）。

（3）酸牛奶 500 毫升，1 次灌服。

28. 紫云英中毒

紫云英又叫红花草，属豆科一年生草本。 茎丛生、直立，高 10~40 厘米，羽状复叶，总状花序，紫花荚果，有毒成分是葫芦巴碱。 中毒特征分急性和慢性蓄积中毒，以后躯麻痹、孕羊流产为特征。

【中毒机制】紫云英为绿肥作物，全株含毒，晒干的秸秆仍含有毒。 羊一次采食过多会发生急性中毒，若经常少量食入也会出现蓄积性慢性中毒。 该毒素似有氟中毒的病理变化，如氟牙和骨变形。

【诊断要点】

（1）急性中毒采食后当天突然发病，食欲废绝，行走摇摆，后肢无力甚至麻痹。

（2）慢性中毒多是经常少量采食，月余后出现症状，特征是牙门齿变黑，甚至破损、松动、脱落。

【防治方案】

（1）硫酸钠 50~100 克，1 次内服。

（2）地塞米松 2~4 毫克，1 次肌内注射。

（3）马前子酊 1~3 毫升，1 次内服。

29. 狼毒中毒

狼毒为大戟科多年生草本，茎中含有白色乳汁，根粗大肉质，外皮红褐色，顶生多支聚伞花序，蒴果，种子褐紫色，喜生长在沙质土壤地区，分布在我国东北、华北地区。

【中毒机制】狼毒每年早春萌芽，这时羊在放牧时"捕青"争抢采食刚发芽的青草，而误食狼毒幼芽，引起中毒发生。狼毒的有毒物质主要是生物碱（大戟苷），该毒素除了刺激胃肠黏膜引起急性肠炎外，被吸收后还能使中枢神经紊乱，肾功能下降。

【诊断要点】

（1）中毒后鼻端干燥，口流清水，拉痢，粪中带血。

（2）精神沉郁，卧地不起，呼吸迫促，可视黏膜发绀。

（3）瘤胃臌气，尿量减少，排出滴状杏黄色浓尿液。

（4）严重时，全身抽搐，头向后仰，倒地而死。

【防治方案】

（1）立即内服鸡蛋清或酸牛奶。

（2）瘤胃臌气严重时，可行瘤胃放气，借放气针向瘤胃内注入煤油20毫升。

30. 高粱苗中毒

高粱苗和水稻、高粱收获后又萌发的二茬苗，羊采食后均会中毒，群众叫"遛茬子病"。有毒成分为氢氰酸，中毒后以突然倒地、瞳孔散大、可视黏膜呈鲜红色（因血中氧合血红蛋白增多）为特征。

【中毒机制】羊采食含氰酸苷的高粱、玉米嫩苗、水稻苗、苦杏仁、桃、梅、樱桃叶、亚麻、木薯均会发生同样的中毒病。氰酸苷被羊吸收后，在胃酸作用下转化为剧毒的氢氰酸，进入血液中很快和组织中含铁的血红蛋白结合成不可逆的变性蛋白，引起机体体内外氧气交换受阻，使机体组织氧化过程障碍，发生机体缺氧而死亡。

【诊断要点】

（1）有采食含氰酸苷的物质的病史。

（2）突然出现群发性倒地，呼吸困难，全身皮肤和黏膜充血，呈鲜红色。

（3）严重时瞳孔散大，呼吸微弱，后肢麻痹。

（4）剖检见血液呈鲜红色、凝固不良，胃肠充满气体，呈杏仁气味。

【防治方案】

（1）立即静脉注射亚硝酸钠每千克体重5毫克（溶于5%葡萄糖中），1次注入，接着1次注入10%硫代硫酸钠每千克体重1毫升。

（2）10%安钠咖5毫升，1次皮下注射。

31. 棉花叶和棉籽饼中毒

棉花叶和棉籽饼都含棉酚，羊采食叶子会发生急性中毒，长期饲喂棉籽饼会发生慢性蓄积中毒。中毒后的特征是消化道发炎和维生素 A 缺乏症(夜盲症)、尿结石。

【中毒机制】棉籽毒(棉酚)是一种蛋白质毒，可使组织细胞变性，引起消化道、神经组织发炎，并且严重影响维生素 A 的吸收和利用，出现干眼病、视力障碍，一旦光线发暗，就失去视力，俗称"鸡宿眼"；并且棉酚可通过胎盘影响胎儿发育，出现怪胎、畸形、瞎眼，叫"胎儿瞎瘫病"，还可促使肾脏出现尿结石。

【诊断要点】

(1)急性中毒多见于羔羊一次饮棉籽饼水过多，表现为口流水，神经错乱，共济失调，走路摇摆，全身抽搐，很快死亡。

(2)慢性中毒见于成年羊采食秋后棉花地的棉花叶，出现蓄积中毒。表现消化道紊乱，食欲不振，口干，便秘，眼睛发炎、充血、有眼屎。泌尿病变是出现尿结石，排尿困难，视力障碍，傍晚双目失明。

(3)剖检见肾脏肿大，肾脏表面有出血点，肾脏内和膀胱有结石，肝肿大，心内外膜有出血点。

【防治方案】

(1)急性中毒可用一头大蒜捣碎加香油 50 毫升 1 次内服。

(2)慢性中毒可内服硫酸钠 50~100 克，促进残毒尽快排出。

(3)肌内注射维生素 AD 针，也可内服鱼肝油。

(4)补喂胡萝卜，有利于缩短病情。

32. 菜籽饼中毒

菜籽饼含有有毒的黑芥子苷，若不经去毒喂羊可引起中毒，以腹泻、便血和血尿为中毒特征。

【中毒机制】黑芥子苷在消化道会转变成芥子油，成为刺激性很强的物质，引起胃肠黏膜变性、发炎、脱落。经肾排泄时，引起肾、膀胱组织变性，出现排尿障碍。

【诊断要点】

(1)中毒呈慢性经过，表现食欲下降，腹泻，粪便带血，日渐消瘦。

(2)排尿次数增加，尿呈黑豆水样。

(3)严重时出现尿毒症，虚脱，站立困难。

【防治方案】

(1)立即停止饲喂菜籽饼，同时内服盐类泻剂。

(2)内服鸡蛋清 3 个，面粉 100 克加水 500 毫升混合，1 次灌服。

（3）肌内注射维生素 K_3 1~2 毫升，每天 1 次，连续注射 3 天。

33. 霉玉米中毒

玉米收获后，由于果穗含水量多，没有及时剥去外皮，堆积产热，很容易引起串珠镰刀菌大量繁殖，生成镰刀菌毒素，羊采食发霉玉米就会中毒。以神经紊乱、阴部肿胀、皮肤发痒、角膜混浊、孕羊流产为特征。

【中毒机制】霉玉米所含毒素主要是镰刀菌素和黄曲霉素，前者主要危害大脑，引起脑实质液化或坏死，出现类似脑脊髓炎的神经症状，后者主要伤害肝脏，出现肝功能下降，物质代谢障碍。

【诊断要点】

（1）采食霉玉米 3~5 天后出现症状，如精神沉郁、食欲停止、一侧或双侧眼角膜混浊。

（2）腹部胀大，泌乳停止，可视黏膜苍白，便秘，粪球干小如鼠粪样。

（3）母羊表现如发情样，阴户肿胀不安。

（4）怀孕羊出现流产，并产出死胎。

（5）剖检见皮肤苍白，胃肠充血发炎，肝脏呈灰白色、硬变，表面有灰白色区，胆囊肿大，腹腔大量积水。

【防治方案】

（1）为了清除胃肠中的毒素，可用硫酸镁 50~100 克，1 次内服。

（2）放静脉血 50~100 毫升，同时静脉注射 10% 葡萄糖 300 毫升、40% 乌洛托品 10~20 毫升，1 次注入。

34. 食盐中毒

食盐是羊不可缺少的营养物质，但是喂量过多易发生中毒，特别是长期缺乏食盐的羊"食盐饥饿"时，突然采食过量食盐，往往引起群发性食盐中毒。实验得知，羊每千克体重喂盐超过 3 克就会出现中毒。

【中毒机制】超量食盐被机体吸收后，首先引起高氯血症，发生体液渗透压改变，组织间体液减少，出现极度干渴，继而出现大脑水肿，中枢神经紊乱，运动神经失调，胃肠充血、发炎等严重病理现象。

【诊断要点】

（1）病初渴欲增加，兴奋不安，无目的地到处乱跑，有节奏地凹腰，做转圈运动。

（2）全身肌肉痉挛，头向后仰，眼结膜高度充血。

（3）严重时倒地抽搐，四肢划动如游泳状。

（4）眼球下陷，口腔干燥，尿量减少或无尿，甚至尿血。

【防治方案】

（1）除供给大量饮水外，在饮水中添加食醋。

（2）用35℃的温水反复灌肠。

（3）静脉注射25%的葡萄糖100毫升，25%的硫酸镁20毫升。

（4）肌内注射氯丙嗪2~3毫升。

35. 奶山羊棒曲霉菌素中毒

棒曲霉真菌喜寄生在大麦根和糟类饲料中（糖渣、酒糟）生长繁殖，奶山羊采食以上两种霉饲料，就会发生中毒。以惊恐不安、全身肌肉震颤、孕羊流产为特征。

【中毒机制】棒曲霉菌在繁殖过程中能产生一种展青霉素，该毒素直接伤害中枢神经系统，出现脑、髓无感染性炎症，表现为感觉和运动神经紊乱，如病初沉郁，中期兴奋，后期瘫痪，有规律性的病演过程。

【诊断要点】

（1）多在采食10~15天后出现症状，病初精神沉郁，昏睡，不思饮食，心跳疾速，呆立不动。

（2）2~3天后出现腹泻，肚痛不安，无目的地到处乱跑，对光、声反应敏感，泌乳停止，孕羊流产。

（3）5~10天后，全身性皮肤出现湿疹，可视黏膜潮红，四肢软弱，瘫卧地上，头颈直伸。

【防治方案】

（1）10%葡萄糖500毫升、40%乌洛托品30毫升，1次静脉注射。

（2）小苏打15克、硫酸镁50克，1次灌服。

（3）兴奋不安时可用安定注射液，按每千克体重0.3毫克1次肌内注射。

36. 霉饲料中毒

本病是指农作物秸秆和农副产品及精饲料因保管不善受潮、发霉变质，羊采食后引起的急性或慢性中毒的疾病。

【中毒机制】发霉饲料因种类不同，其真菌各异，最常见的寄生菌有腐败菌和真菌，其中真菌包括黑黄曲霉菌、镰刀菌等，所产毒素各异，但危害最严重的要属黄曲霉素 B_1 和丁烯酸丙酯，主要伤害神经系统和肝脏，丁烯酸丙酯作用外周血管，引起血管痉挛，管腔堵塞，致使末梢供血困难，导致四肢和耳、尾蔓延性干性坏死，而急性中毒的脑部病变与此道理相同。

【诊断要点】

（1）急性中毒多于一次采食大量霉饲料且又缺乏精饲料的情况下发生。表现突然发病，神经紊乱，双目失明，肌肉震颤，兴奋不安，呼吸困难，可视黏膜发绀。

（2）慢性中毒多见于较长期吃发霉青贮料或霉草、垛底草；也见于好草和适当精料搭配着饲喂时发生。表现食欲逐渐减退，便秘与腹泻交替出现，行走反常，四肢僵硬，蹄叶发炎，耳尖坏死、变干萎缩，消瘦，被毛粗乱，有时流鼻血，严重时卧地不起。

【防治方案】

（1）立即停喂可疑饲料。

（2）绿豆、甘草适量熬水让其自饮。

（3）10%葡萄糖300毫升、40%乌洛托品30毫升、维生素C 5毫升，1次静脉注射。

（4）生姜、大蒜、石菖蒲、鱼腥草各50克煎水，1次灌服。

37. 蚜虫中毒

蚜虫俗称黏旱虫，常寄生在农作物枝叶上，尤其各种蔬菜叶子上，当羊采食了带蚜虫的菜叶，会发生中毒，中毒后的症状是四肢麻痹和血尿。

【中毒机制】蚜虫本身无毒，但蚜虫的排泄物是蚂蚁的良好食物，所以凡有蚜虫的地方必然有蚂蚁存在。蚂蚁的排泄物是蚁酸，羊的蚜虫中毒，不如说是蚁酸中毒。据观察得知，久旱无雨时，中毒最多见；多雨时节，即使采食带蚜虫的草也未见中毒。

【诊断要点】

（1）采食含蚜虫的蔬菜后1~2小时出现症状，眼结膜潮红，口流涎，四肢僵硬，行走困难。

（2）频频排尿，尿呈黑褐色。

（3）严重时卧地不起，呈瘫痪样，最后昏迷而死。

（4）剖检见血液稀薄，内脏呈贫血症状，肝脏土黄色，心脏内外膜有出血点。

【防治方案】

（1）立即内服10%石灰水200毫升。

（2）10%葡萄糖300毫升、5%碳酸氢钠50毫升，1次静脉注射。

38. 铜中毒

本病多见于在喷洒过波尔多液（石灰硫酸铜合剂）的果园内放牧，内服铜盐驱虫时用量过大，或为了使山羊对病原的易感性而静脉注射铜盐过量（科研目的），导致本病发生。以腹泻、惊厥和瘫痪为中毒后特征。

【中毒机制】铜离子吸收后，首先损害肝脏，引起肝功能下降，发生溶血性黄疸，新陈代谢紊乱，血糖降低，血压升高，血氨升高，出现尿毒症、肝昏迷，最后神经麻痹和重症肌无力，心肺衰竭而死亡。

【诊断要点】

（1）饮食欲废绝，体温下降，衰弱无力，可视黏膜黄染，卧地不起，人工抬起也不会站立。

（2）误饮波尔多液时，多在饮后2小时出现腹泻，惊厥，流涎，心动过速。

（3）剖检见内脏充血、出血，血凝不良，腹腔积水，胃肠充血、出血、发炎坏死，黏膜脱落。

【防治方案】

（1）25%葡萄糖300毫升、地塞米松4毫升，1次静脉注射。

（2）腐殖酸钠、庆大霉素16万国际单位，1次内服，每天2次，连服3天。

39. 铅中毒

铅是蓄电池的主要原料，其中氧化铅广泛应用于油漆和陶瓷业，由于这些物品与日常生活息息相关，所以羊中毒的机会较多。

【中毒机制】羊饮用被工业污染的废水或吸入油漆气体，饮用棚舍沥青油毡流下的雨水等，其中的铅可经消化道和呼吸道进入机体内，引起机体新陈代谢紊乱，局部组织发炎，尤其对肾脏伤害最为严重。

【诊断要点】

（1）病初精神沉郁，头低耳聋，体温下降，反应迟钝。

（2）腹泻，拉粪带血，呼吸困难，可视黏膜发绀，静脉血呈黑紫色；严重时双目失明，排尿停止，全身出汗。

（3）剖检见肠道黏膜高度充血、出血，瘤胃黏膜脱落，肝脏肿大，呈灰黄色，肾脏萎缩，全身肌肉呈暗黄色。

【防治方案】

（1）10%硫代硫酸钠按每千克体重2毫升静脉注射。

（2）口服绿豆浆300~500毫升。

（3）肌内注射依地酸钠注射液2~5毫升。

40. 磷化锌中毒

磷化锌是一种灰褐色粉末，毒性很强，由于本品有鼠喜闻的气味，常做灭鼠良药，羊常因误食灭鼠毒饵而中毒。中毒特征是心跳缓慢为30次/分，全身抽搐。

【中毒机制】磷化锌在胃酸作用下分解为氯化锌和磷化氢，经胃肠吸收后，首先伤害神经，引起心、肝、肾组织坏死变性，危及生命。

【诊断要点】

（1）多在采食毒物后1~2小时出现症状，口吐白沫，渴欲增加，口中嗳出气体有大蒜味。

（2）严重时兴奋不安，全身痉挛，呼吸困难，张口伸舌，大量流眼泪，尿中混有血液。

【防治方案】

（1）1%硫酸铜30~50毫升、鸡蛋4个，加水500毫升，立即内服。

（2）肌内注射1%硫酸阿托品0.3~0.5毫升。

41. 氟乙酰胺中毒

氟乙酰胺为无色无味性质稳定的有机氟内吸杀虫剂，常用作灭鼠和农作物杀虫剂，尤其对蚜虫有特效。其特点是不挥发，不溶于脂肪，经消化道吸收中毒；另一特点是不易分解失效，残效期长，农作物花期喷药到收获后秸秆仍保存毒性。中毒特征是阵发性抽搐，死亡很快。

【中毒机制】有机氟被吸收进入体内后变成氟乙酸，氟乙酸又和柠檬酸结合，变成氟柠檬酸（不可逆反应），从而使机体内血液柠檬酸失去代谢转化能力，而大量积存在血液中，引起糖代谢停止，脑神经和心肌功能失常而死亡。

【诊断要点】

（1）有采食果园、菜园及喷洒过有机氟农药的植物史。

（2）阵发性肘肌群震颤，眼结膜潮红，心跳加快。

（3）严重者突然倒地，角弓反张，口吐白沫，片刻恢复如无病样，但仍会复发（如癫痫样），阵发频率间隙越来越短，最后呈持续发作而死亡。

【救治方案】确诊后，立即用5%解氟灵（乙酰胺）首次按每千克体重50毫克1次肌内注射；2小时后，按每千克体重1.5毫克1次肌内注射，次日注射1次，量减为每千克体重10毫克。

42. 有机磷中毒

有机磷农药种类很多，多数为油状液体，有挥发性和怪味，如敌敌畏、乐果、对硫磷、敌百虫等。中毒特征是大量出汗、腹泻、瞳孔缩小、大量流涎。

【中毒机制】有机磷农药可经皮肤吸收，也可经呼吸和消化道进入机体而发生中毒。有机磷为神经毒，主要抑制胆碱酯酶，使神经生理紊乱引起中毒。

【诊断要点】

（1）有接触农药史。

（2）突然出现大量流涎，不时虚嚼，拉稀，公羊阴茎勃起，全身出汗，瞳孔缩小，眼球震颤。

（3）心音混浊，全身肌肉抽搐，共济失调，大小便失禁。

【救治方案】

（1）立即除去病因，若系皮肤吸入性，应用碱性水清洗全身（敌百虫除外），最好冷水冲洗。

（2）采食中毒时，立即用1%肥皂水洗胃（敌百虫除外），同时肌内注射1%硫酸阿托品1~3毫升，接着肌内注射氯解磷定每千克体重10~30毫克，1次注射（最多不得超过3克）。只要症状没有完全消失，每隔1小时可减半剂量重复注射阿托品。

43. 甲拌磷中毒

甲拌磷是剧毒有机磷农药，常用作处理种子，防止地下虫害采食种子。有毒种子散落地面或在庭院晾晒，被羊偷吃引起中毒，中毒特征同有机磷。

【诊断要点】

（1）有采食毒种子史。

（2）多在采食后30~60分钟出现中毒症状，表现呼吸困难，颈静脉努张，头部肌肉抽搐，心跳加快，大量流涎，瞳孔缩小，视力减退，严重时倒地死亡。

【防治方案】同有机磷中毒。

44. 铬化物中毒

铬化物是电镀、金属加工、制革、照相制版等工业常用化工药品。引起羊中毒的原因主要是误饮工业废水。中毒后的特征是远心端呈青紫色，可视黏膜呈红色。

【中毒机制】铬化物如重铬酸钾，经胃肠吸收后，能和血红蛋白结合，致使红细胞失去携氧能力，血氧减少，组织间气体交换受阻，呈现缺氧一系列症状。

【诊断要点】

（1）有饮工业废水史，多在饮废水3~4小时后出现症状。

（2）病初精神沉郁，呆立不动，全身发抖，呼吸困难，可视黏膜潮红。

（3）口唇、耳尖、四肢末端呈黑紫色，心跳加快，腹泻，无尿，最后倒地痉挛而死亡。

【防治方案】

（1）2.5%枸橼酸钠30毫升、10%葡萄糖300毫升，1次静脉注射。

（2）二巯基丙醇按每千克体重2.5~5毫克1次肌内注射，每4小时注射1次。

45. 除草剂中毒

除草剂中毒这里是指2，4-D丁酯，属苯氧羧酸类除草剂，应用于禾本科农作物田地除草。中毒特征是高度兴奋、全身痉挛。

【中毒机制】当羊采食喷洒过该农药的杂草及污染物后，在30~60分钟内出现中毒症状，主要伤害羊的中枢神经系统，引起机体酶系统紊乱，致使神经传递出现障碍，物质代谢紊乱，血液循环障碍，气体交换受阻，出现各脏器衰竭而危及生命。

【诊断要点】

（1）病初兴奋不安，乱跑乱鸣叫，口吐白沫，瘤胃臌气。

（2）严重时行走摇摆，呼吸困难，阵发性肌肉震颤，心跳缓慢，呼吸微弱，口唇青紫。

【防治方案】

（1）首先用瘤胃穿刺术放出胃中气体。

（2）肌内注射安定每千克体重 0.3 毫克。

（3）10%葡萄糖 300 毫升、10%安钠咖 5 毫升、维生素 C 10 毫升，1 次静脉注射。

【专家提示】凡使用除草剂的农田地边，严禁放牧，间隔 3 周后，才可解除禁牧。

46. 尿素中毒

本病常因羊误饮人尿或人为利用尿素作为蛋白补充添加剂量过大而引起。 以鼻唇抽搐、眼睑扇动为中毒后特征。

【中毒机制】尿素被机体吸收后，以氨的形式进入血液，出现高氨血症，强烈刺激内脏各器官。 首先是肝功能下降，脑神经紊乱，各种代谢障碍，出现心跳频速，呼吸瘫痪，危及生命。

【诊断要点】

（1）轻度中毒表现为全身震颤，头颈直伸，后肢叉开，第二心音弱，呼吸困难，瘤胃臌气。

（2）严重中毒表现为头部震颤，双目失明，站立不稳，心跳 130 次/分，第二心音听不到，阵发性后退，严重吸气性困难，瘤胃高度臌气。

【防治方案】

（1）用 20 号针头进行瘤胃穿刺放气，放气同时向瘤胃内注入 40%甲醛 5 毫升、酸菜水 300 毫升。

（2）肌内注射 1%硫酸阿托品 1 毫升。

【专家提示】

（1）羊对尿素的安全剂量是每千克体重 50 毫克（中毒剂量是每千克体重 0.4 克），补饲尿素要严格遵守以上原则。

（2）尿素中毒后，内服酸性药是为了阻止尿素分解成氨被胃肠吸收。

47. 慢性氟中毒

慢性氟中毒是由于长期采食或饮用含氟量高的牧草和水。 中毒后特征是生长缓慢，骨骼变形和氟斑牙。

【中毒原因】

（1）采食含氟量高的牧草和饮水，如盐碱地区、沼泽湿地周围的草和水。

（2）采食含氟高的厂矿区的污染水草，如过磷酸盐厂、炼铝厂、铝矾土矿区、氟石矿区周围的水草。

（3）以含氟矿石为原料的工厂，如电解铝厂、陶瓷厂、炼铁厂、炼焦厂、发电厂、水泥厂，所排出的含氟废气污染水源、牧草、农作物秸秆，被羊采食。

【中毒机制】氟化物是一种细胞原浆毒，进入机体后，贮存在骨骼中，特别是软骨和牙齿中，使骨骼代谢紊乱，骨骼钙化受阻，引起骨质疏松、膨大和变形。对中枢神经和机体酶系统均有危害，引起代谢紊乱，机体同化和异化受阻，出现生长停滞。

【诊断要点】

（1）有长期采食含氟高的饲草和饮水史。

（2）慢性中毒初期，表现跛行，易发生骨折；后来逐渐出现下颌骨对称肿大，骨疣隆起，尤其是肋局部体积肿大明显。

（3）牙齿由白变黑，釉质脱落（尤其羔羊最明显），日渐消瘦，贫血，甚至走路起卧都发生困难。

【防治方案】比较积极的防治方法是选择对氟有拮抗作用的药物来中和氟的危害，即在饲料中添加蛇纹石，每只每天补饲 5 克即可。

48. 肉毒梭菌中毒

肉毒梭菌是寄生在腐肉和腐败植物秸秆上的细菌，它能产生外毒素，羊采食后立即出现运动神经和舌肌、咬肌麻痹。

【中毒机制】肉毒梭菌所产生的外毒素，是一种很强很毒的过敏原。当机体吸收后，会伤害脑神经和副交感神经，抑制机体乙酰胆碱的释放和合成，引起肌肉弛缓性瘫痪，其中对知觉和交感神经无大影响。

【诊断要点】

（1）究其病因，有采食腐肉、腐败植物及坏青贮饲料史。

（2）起病急，兴奋不安，四肢软弱，头颈直伸。

（3）口、舌、唇麻痹流涎，舌头伸出口外，不易缩回口腔内。

（4）采食或吞咽困难。

（5）第三眼睑下垂（群众称骨眼）。

（6）胃肠蠕动缓慢，大便干燥，排便困难，胃肠臌气。

【防治方案】

（1）不喂腐败发霉草料。

（2）及时清除圈舍周围动物尸体。

（3）青贮饲料应除去变质腐败部分。

（4）内服人工盐 100~200 克。

（5）呼吸困难时，皮下注射尼可刹米 1~2 毫升。

八、产科疾病

1. 不孕症

适龄繁殖母羊不发情或发情而久配不孕，称为不孕症。

【发病机制】先天性不孕常见于生殖器官畸形，如卵巢、输卵管、子宫等不健全。后天性不孕见于经产羊的卵巢、子宫炎症，某些寄生虫引起的严重营养不良及传染病引起的后遗症等。

【诊断要点】

（1）达到繁殖年龄，发情规律不正常，或正常但久配不孕，可视为生殖器官畸形，无治愈希望。

（2）发情周期正常，唯有阴道经常有脓性分泌物，直检子宫体异常，食欲不佳，膘情差，应视为子宫炎。

（3）发情不规律，甚至出现发情旺盛，持续天数长（慕雄狂），应视为卵巢疾病（图33）。

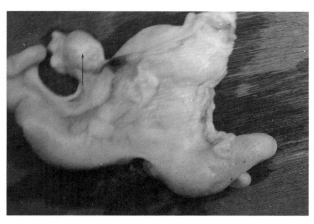

图33 卵巢囊肿

（4）其他生理正常，唯有配种后阴道流血，应视为子宫功能疾病或阴道滴虫。

【防治方案】

（1）凡子宫和阴道炎症，可采取冲洗、消毒、抑菌疗法，用0.1%的高锰酸钾和0.2%的雷佛奴尔灌入子宫内，然后再用虹吸法导出，如此反复冲洗，最后灌碘甘油15毫升。

（2）对卵巢疾病，可选用三合激素2~3毫升1次皮下注射。

（3）内服中药也很有疗效，当归20克、沉香10克、杜仲15克、淫羊藿20

克、益母草 30 克，1 次煎服，1 天 1 剂，连服 3 天。

2. 子宫内膜炎

子宫内膜炎是指子宫内膜的化脓性和坏死性炎症。以屡配不孕，经常从阴道流出浆液性或脓性分泌物为特征。

【发病机制】难产时人工助产消毒不严引起子宫感染，以及流产和胎衣停滞引起子宫内胎衣腐败，导致本病发生。

【诊断要点】

(1) 急性子宫内膜炎伴有频频努责，尾下外阴污染，脓性、血性分泌物，体温升高，食欲大减，每当卧地后，从阴道流出白色污秽样脓性分泌物。

(2) 若体温升至 41℃ 以上，食欲废绝，精神高度沉郁，可视黏膜有出血点，则为败血性子宫炎。

(3) 慢性子宫炎没有体温变化，食欲正常，唯有经常从阴道排出浆液性分泌物，正常发情，但是屡配不孕。

【防治方案】

(1) 用 2% 来苏儿 300 毫升灌注子宫内，24 小时后用 0.1% 雷佛奴尔 1 000 毫升灌注子宫，3 小时后皮下注射垂体后叶素 10~30 单位。

(2) 青霉素 240 万单位溶于 5% 糖盐水中，200 毫升 1 次静脉注射，1 天 1 次，连用 3 天。

(3) 当归 30 克、赤芍 20 克、蒲公英 50 克、地骨皮 30 克，煎汁灌服，1 天 1 次，连服 3 天。

3. 阴道脱出

阴道脱出是阴道外翻，脱出在阴门外的疾病。

【发病机制】当孕羊临产时，由于激素调整，引起阴道过度松弛，加上羊久卧，缺乏必要运动而引发本病。也有羊体质虚弱，营养不良，加上腹泻、努责而引起。不管何种原因引起的阴道脱出，均应及时处理，否则会引起难产和子宫感染发生。

【诊断要点】

(1) 病初羊卧地时，会从阴门露出拳头大、红色阴道体（图 34），而站立后即缩回阴道内。

(2) 严重时，站立后仍不能收缩回去，这时脱出的部分会被污染，颜色变暗，也会使脱出部分逐渐增大，甚至顶端可看到子宫颈口，并且出现排尿困难。

【防治方案】

(1) 尽早用 0.1% 高锰酸钾洗干净，送回阴道内，再用 70% 酒精 60 毫升、1% 奴

图34　阴道脱出在阴门外,呈半球状,粉红色

佛卡因4毫升，在阴门两侧注入阴道两旁肌肉内。

（2）若是临产母羊，可用黄体酮10毫克1次肌内注射，1天1次，连用3天即可。

4. 子宫脱出

子宫脱出是指羊在分娩后，子宫全部或部分脱出在阴门外。

【发病机制】由于羊孕期营养不良，体质虚弱，加上在分娩时，外界气温过热（暑天）或过冷（严冬），引起分娩时间过长，使子宫产后复原困难，收缩无力。出现里急后重现象，加上羊努责不停，从而使子宫随不停努责而脱出。

【诊断要点】

（1）外翻的子宫呈红色，有子宫肉阜存在，并附有残存胎衣。

（2）若子宫完全脱出，则可见两个子宫角和子宫底部。

【防治方案】抬高羊的后躯，用0.1%高锰酸钾温水清洗脱出部，然后用生理盐水纱布，将脱出子宫托起，两手手指并齐从子宫基部（阴门两侧）用力往里顶推（两手交替慢慢用力推），可将脱出部分全部送回骨盆腔。这时可向子宫内注入0.1%高锰酸钾水400毫升。术者双手提起羊后腿，使羊体与地面垂直，用力摇动羊后躯，使子宫借助子宫内的消毒液流动达到恢复原位，然后将阴门口缝2~3针，以防再脱即可。

5. 流产

流产即妊娠中断，不到预产期提前产出胎儿。引起流产的原因很多，主要有传染病、中毒性、外伤性等。

【发病机制】怀孕后期管理不当，拥挤，打伤，高热性疾病，支原体、布氏杆菌感染，误用能引起子宫收缩的药物（如麦角素和激素类药物），均能引起胎盘脱离子宫的血液供应，造成胎儿死亡而产出。

【诊断要点】　流产可分为三种类型。

（1）先兆性流产，也叫"胎动"，孕羊表现轻微腹痛，并从阴道流出少量血液。

（2）早期流产（孕后 40~60 天）不易发现，少数从阴道排出幼小胎儿，多数胎儿在子宫内死亡后溶化，叫隐性流产。

（3）大月份流产（已孕 3 个月以上），多表现类似分娩症候，所产胎儿大多数死亡，一般对母羊影响不大，仅从阴道流出较多的恶露。

【防治方案】　不管何种原因引起的流产，初期尽量保胎。保胎困难时，如阴道流血量多、胎衣破裂、羊水已流出时，则尽快引产或催产。

（1）对先兆性流产，应尽快皮下注射 0.5%硫酸阿托品 1~3 毫升，然后肌内注射黄体酮 10 毫克，如流产先兆解除后，可继续用黄体酮 15 毫克 1 次肌内注射，1 天 1 次，连用 3 天。

（2）对实在难保的流产，可采用人工引产，方法是先用乙烯雌酚 20 毫克涂在无菌药棉上，填入子宫颈口处，15 分钟后，用垂体后叶素 30 单位肌内注射，待胎儿产下后，用 0.1%高锰酸钾水冲洗子宫 1 次。

6. 难产

难产指胎膜已经破裂，羊水已流出，仍不见胎儿产出的疾病。若不进行人工助产，会造成母仔双亡的后果。

【衡量难产的标准】

（1）怎样预知难产：羊的妊娠期是 150 天，最短 142 天，最长 160 天，凡提前或超过这个范围，均视为异常。

（2）分娩时间的划分：从阵缩开始到羔羊产出，一般为 4~5 小时，从胎膜破裂羊水已流出，到羔羊产出一般为 10~15 分钟，若超过这个范围，视为异常。

（3）胎儿露出头、蹄，30 分钟后仍不能将胎儿生下来，应视为异常。

凡有上述之一者，都应视为难产，需要进行人工助产或引产。

【难产分类】

（1）阵缩微弱，腹肌和子宫收缩无力的难产。

（2）产道异常，子宫颈口不开，骨盆狭窄，子宫扭转性难产。

（3）胎儿姿势、胎位不正性难产。

【助产方法】

属于第一类难产，只要全身症状良好，子宫颈口开张，唯有胎儿姿势和胎位稍有不正时，可不用药物，只需把手指伸入产道或子宫内稍加调整，矫正胎位，即可拉出胎儿。 若全身症状严重，产程已长，子宫颈口开张不全时，则需补充营养，用 10% 葡萄糖 300 毫升、5% 碳酸氢钠 60 毫升，1 次静脉注射后，再进行助产。

【术式】

对胎儿双前肢已进入阴道，头已抵颈口，且胎儿存活，只是阵缩无力时，可因势拉出胎儿即可。 若子宫颈口张力大，可用手指头顶推子宫颈口壁，使其后退，露出胎儿，顺势拉出胎儿头即可产出。

属于第二类难产，即子宫颈口不开张时，可肌内注射雌二醇 4 毫升、地塞米松 6 毫升，2 小时后再进行助产。 将手指伸入子宫，引导胎儿，借助助手在右腹壁施加压力即可产出胎儿。

属于第三类难产，胎位不正、横位、臀位，可借助器械或绳子矫正胎儿姿势。

（1）头颈侧弯或下勾，表现是双前肢已伸出子宫颈，或伸出阴门外，而不见头在产道中。 可将术者手指伸入子宫内矫正胎头和胎位后，拉住已露出的双腿即可产出。

（2）胎儿交叉，即一胎儿前腿伸入阴道，而另一胎儿双后肢也进入产道。 首先将腿全部送回子宫，然后只拉一胎头，进入产道即可。

（3）胎向异常，若为横生，可用手推送胎儿，寻找胎头，拉出即可。 若颈前位，也是用手推送颈部，寻找胎头，拉出即可。

7. 产后感染

本病又叫"产褥热"，是产后子宫、产道感染而引起的感染性、热性疾病。 以体温升高，少尿或无尿，恶露不尽为特征。

【发病机制】由于助产和消毒不严，产道损伤，产后子宫收缩复原不全。 在机体抵抗力弱的情况下，各种化脓菌大量繁殖，导致子宫壁充血肿胀，渗出物增加，从而引起全身性反应，高热、拒食和菌血症发生。

【诊断要点】

（1）产后 2~3 天，突然出现体温升高至 41℃ 以上，精神沉郁，多卧少起，泌乳停止。

（2）从阴道流出红色脓性恶露。

（3）食欲、反刍停止，呼吸加快，努责。

【防治方案】

（1）立即用 0.1% 高锰酸钾水溶液冲洗子宫，并向子宫内灌入呋喃西林 3 克。

（2）青霉素 320 万单位、链霉素 100 万单位、5% 糖盐水 300 毫升，1 次静脉注射，每天 1 次，连用 3 天。

8. 乳房炎

乳房炎是产后乳房肿大，奶汁潴留，乳腺体变坚硬（图35），甚至部分乳叶化脓的疾病。

图35　一侧乳房肿大,触之有硬感,泌乳停止

【发病机制】因外伤、乳头细菌感染和激素调整异常，引起乳房分泌排出紊乱，形成乳腺充血肿胀，压迫血管，使局部血液循环障碍，出现红、肿、热、痛，最后乳腺组织质变，呈坚硬状，在化脓菌作用下，液化、破溃形成化脓创。

【诊断要点】

（1）黏液性：乳汁呈红色水样，内含絮片状物，乳房肿大，触之柔软，多属大肠杆菌性乳房炎。

（2）浆液性：患病侧乳房皮肤紧张，触诊坚硬，有痛感，体积增大，乳汁稀薄，多属链球菌性乳房炎。

（3）纤维素性：体温升高，患侧乳房局部皮肤红、肿、热、痛，乳汁稀薄且混有血液，多属绿脓杆菌性乳房炎。

（4）坏疽性：全身症状严重，体温升高至41℃以上，鼠蹊淋巴结肿大，患部肿硬，皮肤呈黑紫色，乳房触之有凉感，多属坏死杆菌性乳房炎。

（5）化脓性：患侧乳房肿大，触摸乳腺内有数个硬结或坚块，有的坚块会凸出皮肤表面，有的硬块软化有波动感，乳汁内混有脓汁和血丝，多属葡萄球菌性乳房炎。

【防治方案】

（1）以预防为主的原则，产前用左旋咪唑内服，每天1次，每次100毫克，连服3天。

（2）产后若发现乳房不正常，立即用三合激素注射液 2~3 毫升，1 次肌内注射。

（3）对肿胀局部用云南白药 5 克、白酒 50 毫升，混合后涂抹。

（4）也可在肿胀处用仙人掌、白矾混合捣成泥汁，外敷。

（5）鲜皂角树枝条 300 克，加水 1.5 千克煮水 1 000 毫升，待凉后混入麸皮少许，让羊自饮。

9. 血乳症

血乳症是指奶羊在各方面正常的情况下，唯有挤出的乳汁内含有红色血样物。

【发病机制】血乳的发生，是由于高产的奶羊，尤其在产奶高峰期，饲料和饲草中缺乏磷元素引起的，因为在缺磷的情况下，钙的吸收严重受阻，血钙不足，血液渗出增加，部分血细胞会沿乳腺渗出，进入乳汁中。

【诊断要点】

（1）多发生于高产奶山羊，尤其是在产奶高峰期。

（2）在全身健康良好的情况下，唯有每次挤奶时，乳汁中混有红色物，若将乳汁放入试管中，经沉淀后，在试管底部有血块存在。

【防治方案】

（1）首先在饲料中增加含磷物质，如加喂麸皮、补饲骨粉和鱼粉。

（2）5%氯化钙 20 毫升，1 次静脉注射，1 天 1 次，连用 3 天。

10. 产后瘫痪

产后瘫痪是一种代谢性疾病。症状表现为羊分娩后四肢软弱，站立不起。

【发病机制】孕期饲养不良，缺乏矿物饲料和微量元素，磷、钙比例失调，产后腹压急速下降，引起羊全身血容量相对下降，血糖降低，出现代谢衰竭症，呼吸、心跳减弱，全身麻木，知觉迟钝。

【诊断要点】

（1）产后精神高度沉郁，体温偏低，四肢凉感，头歪向一侧，卧地不能站起。

（2）对各种刺激反应迟钝，呈昏迷状；人工扶起羊体后，羊四肢不能支持站立而又卧地。

【防治方案】

（1）用葡萄糖盐水 500 毫升、10%安钠咖 5 毫升、维生素 C 10 毫升、氢化可的松 10 毫升，1 次静脉注射，接着注入 10%葡萄糖 200 毫升。

（2）硝酸士的宁 2 毫克，1 次注入百会穴中。

（3）0.1%亚硒酸钠注射液 1~2 毫升，1 次肌内注射。

（4）葡萄糖酸钙 100 毫升，1 次静脉注射。

九、外科疾病

1. 瘤胃穿刺术

羊的瘤胃穿刺术是指瘤胃在高度臌胀的病态情况下，很快就要危及生命，有窒息危险时，采取的救命治疗措施。

【发病机制】生理情况下，羊瘤胃产生的气体会靠嗳气经食道排出体外，在病态时嗳气停止，因采食易发酵饲料，产气过多，加上胃蠕动无力，嗳气受阻，大量气体积存在胃中，引起急性瘤胃臌气。也有因食道梗塞和塑料袋停滞胃贲门引起嗳气受阻，而造成胃臌气。

【诊断要点】

（1）左侧肌凹部高度凸出，呼吸困难，张口伸舌。

（2）由于腹压急增压迫膀胱，出现滴状排尿。

（3）可视黏膜发绀（青紫色）。

具备以上三条，方可采用瘤胃穿刺术。

【穿刺程序】

（1）工具：手术刀、剪毛剪、20 号兽用注射针头或专用套管针。

（2）术式：站立保定，助手固定，穿刺点选择在左肷部三角区中央。

（3）方法：首先在刺入点剪毛，用碘酊涂抹消毒后，用手术刀割一绿豆大小的口，只割透皮肤，用 20 号针头垂直刺入瘤胃中，用手指固定针柄放气，放完气后，紧接着用针头向胃中注入止酵剂。然后用细针丝刺入针孔内，猛拔出放气针，用碘酊消毒伤口，再涂磺胺软膏即可。

2. 药物去势术

药物去势术是指用注射方式将药物注入睾丸内，使睾丸萎缩达到去势的目的。

【作用机制】在药品的作用下，严重破坏了睾丸的血液循环，进而影响其物质代谢和生理功能，最后睾丸萎缩，甚至吸收，使之不能产生雄性激素和精子。

【诊断要点】

（1）必须是年龄在 3 月龄以上的羔羊，体温正常，营养良好，膘情中等以上，食欲正常，方可进行该术。

（2）失去配种能力的种公羊，睾丸无炎症变化，饮食欲正常的羊只。

【手术程序】

（1）适应症：本方法适合 3 月龄以上的羊只及淘汰种公羊。

（2）药物配制方法：注射用氯化钙粉 30 克、40% 甲醛 5 毫升、注射用水 100 毫升，首先将氯化钙粉加入注射用水中，溶解后再加入甲醛，充分混合，密封备用。

（3）注射方法：由助手抓住羊两后肢提起，羊背向助手，腹部向外，术者右手持注射器，左手握住一侧睾丸，沿睾丸纵轴方向刺入副睾丸内，开始推药，边推边进针，直至进入睾丸内将药液推完，快速拔出针头，千万不可将药液漏入白膜外和皮下，以防止损伤皮肤。

（4）注射剂量：成年羊每个睾丸注射 5 毫升，4~5 月龄羔羊每个睾丸注入 3 毫升。

3. 山羊皮肤组织细胞瘤病

山羊皮肤组织细胞瘤病属皮肤良性瘤，呈单个发生，多见于头颈部和四肢的皮肤上。没有痒感和脱毛现象。

【发病机制】目前尚不了解病因和病理。

【诊断要点】

（1）生长在皮肤上的瘤块大小不一，有黄豆大，也有核桃大，质地坚硬，凸出于皮肤表面。

（2）瘤体表面覆盖一层灰白色痂皮，瘤块可随皮肤移动，无根系。

【防治方案】可用碘化钾按每千克体重 5 毫克、左旋咪唑每千克体重 5 毫克，1 次内服，1 天 1 次，连服 7 天，半月后病变可消失。

4. 荨麻疹

荨麻疹又叫"抓疙瘩"，是由致敏物质引起的，突然发生的病理应激反应，以皮肤出现奇痒的扁平丘疹块为特征。

【发病机制】羊采食或吸入以及接触到能引起过敏的物质，致使中枢神经传递介质功能紊乱，如淋巴液外渗，皮肤毛细血管收缩，通透性增强，出现组织液外渗，组织间水肿等全身性反应、应激反应。

【诊断要点】

（1）突然出现皮肤瘙痒，皮肤毛少皮薄处，如眼、唇、肘后、腹下皮肤出现大面积疹块、扁平疹块，伴有奇痒，用嘴啃咬或在墙角蹭痒。

（2）耳根、尾根周围肿大，伴有呼吸困难、腹泻等症状。

【防治方案】

（1）苯海拉明注射液按每千克体重 1 毫克 1 次肌内注射，或每千克体重 3 毫克 1 次内服。

（2）地肤子 20 克、甘草 30 克，共研末，1 次内服。

5. 风湿症

风湿症是肌肉和关节浆液性炎症，它是一种全身性痹症的局部表现，有急性和慢性之分。以四肢游走性疼痛和关节肿大为特征。

【发病机制】一般认为是羊热身子（剧烈运动后）感受风寒而引起，还有认为是溶血性链球菌引起。 目前对风湿症的确实病因尚不清楚。

【诊断要点】

（1）急性发作，四肢僵硬，行走困难，严重跛行，但坚持遛走后，跛行会减轻。

（2）食欲减退，日渐消瘦。

（3）关节肿痛有游走性，四肢关节轮换着发病——疼痛。

（4）若颈部患病时，出现"低头难"，无法低头采食，即脖颈硬。

【防治方案】

（1）消炎痛按每千克体重 2 毫克 1 次内服，1 天 2 次，连服 3 天。

（2）水杨酸钠注射液 10 毫升和自体血混合后，1 次皮下注射，隔 2 天注射 1 次。

6. 膈肌痉挛

膈肌痉挛又叫"跳肷"，是横膈膜出现有规律的不随意跳动。

【发病机制】横膈膜是极敏感的器官，它和吞咽的食管有密切联系，食管受刺激，饮过冷水，食管中食物停滞，均可引起膈肌痉挛。

【诊断要点】

（1）双侧最后肋骨前（膈肌附着线）会出现有规律的间隔性跳动，并发出"咚咚"的声音。

（2）这种跳动与呼吸和心脏跳动不一致。

【防治方案】

（1）25%硫酸镁 10 毫升、5%氯化钙 10 毫升混合，1 次静脉注射。

（2）地西泮注射液（安定注射液）10 毫克，1 次皮下注射。

【专家提示】羔羊忌用，若急需，必须静脉滴注。

7. 败血症

败血症是因局部感染化脓杆菌后扩散到全身，进入血液内，引起全身性菌血症的"危症"，以高热、皮肤和黏膜出血为特征。

【发病机制】机体严重创伤、感染后，多种病原在局部引起脓疱和蜂窝质炎，在机体抵抗力差的情况下，极易扩散到血液内，引起全身性脓毒败血症。

【诊断要点】

（1）局部脓肿，由流黄色黏稠脓汁变为恶臭稀水样脓汁。

（2）全身症状严重，体温 41～42℃，精神萎靡，心跳快而弱，饮食欲废绝，尿量减少。

（3）皮肤有出血点，严重时全身水肿，呼吸困难。

【防治方案】

（1）首先彻底处理感染创，用2%来苏儿清洗后，涂呋喃西林蓖麻油合剂。

（2）青霉素320万单位、链霉素100万单位溶于5%糖盐水中，1次静脉滴注，每天1次，连用3天。

8. 眼结膜炎

羊的眼病较为常见，其中以结膜炎最多发生，以羞明、流泪、眼睑闭合为特征。

【发病机制】本病发生原因有三类：一是外伤和烟熏，如氨气以及有毒、有刺激的药品；二是内源性，如维生素缺乏、病原菌感染和寄生虫；三是继发于某些传染病。不管何种病因引起，均为眼皮周围组织充血肿胀，渗出增加，化脓，上皮组织变质，严重时危及角膜病变，甚至失明。

【诊断要点】

（1）单眼或双眼大量流泪，结膜充血肿胀甚至反转向外。

（2）眼部奇痒疼痛，利用外物或蹄拭眼部。

（3）羞明闭眼，怕光照射。

【防治方案】

（1）首先分析病因，针对病因进行全身疗法，控制原发病，提高抵抗力。

（2）用2%硼酸水冲洗眼部后，用3%硫酸锌点眼。

（3）对有脓性分泌物，可用青霉素80万单位溶于注射用水5毫升中，再加入1%奴佛卡因2毫升滴入眼结膜囊内，每天早晚各点1次。

（4）用1%的奎宁溶液点眼，每天1次，连点3次即可。

9. 眼角膜炎

眼角膜炎为眼角膜表层及深层的化脓性炎症。以角膜蓝色化和白色混浊化为特征。

【发病机制】外伤性是角膜炎发生最多的原因，如麦芒、枣刺等尖锐物刺伤，还有吮吸线虫对角膜的叮伤，也有继发于全身性的传染病。不管何种原因引起的角膜病，症状是一致的，即角膜增厚，混浊变性，甚至角膜龟裂、凹陷，失去视力。

【诊断要点】

（1）角膜呈蓝灰色，疼痛，怕光，流泪，眼睑闭锁。

（2）巩膜的表面出现新生的树枝状血管。

（3）角膜表面出现凹陷和溃疡斑。

【防治方案】

（1）首先用 2％硼酸水冲洗，然后用 0.25％奴佛卡因生理盐水冲洗，最后用阿托品点眼。

（2）若眼内压增高时，可用毛果芸香碱点眼。

（3）当角膜白色混浊时，用鸡蛋油和鱼肝油点眼。

（4）当出现角膜炎时，用醋酸强的松 1 毫升注射于结膜下。

【专家提示】鸡蛋油熬制：将鸡蛋煮熟，去蛋白，取卵黄，放铜勺中熬（不加水）至蛋黄变黑即出油。

10. 瘤胃切开术

适应症：过食谷物，误食塑料布，创伤性网胃炎，真胃堵塞。

【手术目的】采食过量有毒、难以消化分解的异物，长期积存在胃内难以下行，发酵分解会产生有毒物质，若不采取手术治疗很快会危及生命，必须尽快剖开胃取出异物。

【诊断要点】

（1）羊主主诉在 24 小时内采食或偷食大量原粮（玉米或面、豆类等），尤其黑斑病红薯。

（2）该羊有采食塑料袋史，而且近期反复出现顽固性瘤胃臌气。

（3）长期出现消化道紊乱，排粪停止，且时有肚疼现象。

【手术程序】

（1）保定：右侧卧保定，四肢和头用绳子拴住。

（2）麻醉：静松灵（二甲苯胺噻唑）按每千克体重 2 毫克 1 次肌内注射；硫酸阿托品每千克体重 0.04 毫克 1 次皮下注射。

（3）术部：在左肷部三角区中央。

（4）手术方法：常规备皮，固定创巾，沿切口方向，一次切开创巾和皮肤（切口长短按需要而定，一般 10 厘米左右），钝性分离肌层，剪开腹膜，腹膜两侧穿线固定，切开瘤胃壁（一次切透胃黏膜），由助手双手固定两侧胃壁（拉出在创口外固定），术者手伸入胃内进行对症处理。处理完毕后，消毒冲洗胃壁刀口，连续缝合胃黏膜，结节缝合胃肌层和胃浆膜，包埋缝胃切口将瘤送回腹腔，连续缝合腹膜，然后用温生理盐水（39℃）反复冲洗腹壁创腔，清理肌肉上附着的异物和游离失去生机的组织，而后分层缝合肌肉。首先结节缝合腹内斜肌，然后结节缝合腹外斜肌，再用生理盐水冲洗创口，最后用青霉素 240 万单位撒布在肌肉面上。用碘酊消毒创口创沿皮肤，采用结节减张法缝合皮肤。用碘酊消毒皮肤缝合口后，再用无菌纱布固定在刀口处以保护创口，即告手术结束，解除保定。

（5）术后护理：限制饲养，减食 3 天，但不限饮水，肌内注射青霉素 3 天。

11. 剖宫产术

为了挽救难产疑难症母羊，在确保母仔生命的前提下，采取不经产道，在腹部适当位置，切开腹壁和子宫取出胎儿的方法，达到母仔平安、完成分娩的目的。

【发病机制】分娩前饲养管理不当，缺乏运动，营养不良，胎儿过大，胎位不正，引起难产，经人工助产无效。 母羊生理功能下降，极度衰弱，难以完成分娩，有死亡的危险。 胎儿在子宫内腐败膨胀，子宫破裂，子宫颈扭转且整复无效的应立即采取剖宫产术。

【诊断要点】

（1）胎儿异位、横生且无法整复。

（2）胎儿皮肤膨胀如鼓。

（3）子宫壁松弛，子宫壁有破裂口，胎儿已经落入腹腔。

（4）助产者手无法伸入子宫颈内，阴道有严重扭曲。

①术部选择：在腹壁摸胎儿明显处，一般在右侧腹壁沿肋骨弓后方约 10 厘米处。

②保定：左侧卧保定，猴抓杆方式固定四肢，可在羊左侧胸肋下垫一个合适的箩筐，并垫上塑料布（有利于减低腹压）。

③麻醉：静松灵每千克体重 2~3 毫克 1 次肌内注射，阿托品每千克体重 0.04 毫克 1 次皮下注射。

④按常规备皮、剪毛、剃毛、消毒，盖上创巾，切开皮肤长 13 厘米，钝性分离肌层，剪开腹膜，拉出子宫大弯，由助手固定子宫，切开子宫壁 10 厘米，用胶管导出子宫内液体，顺次拉出胎儿和胎衣，再用胶管抽净子宫内血水，向子宫内放入青霉素、氯霉素等抗生素。 修整子宫切口，拆除固定缝合线，用生理盐水反复冲洗子宫切口处组织，使呈洁净鲜红色。 然后缝合子宫切口，采用连续缝合法，一次性缝合全层（包括子宫内膜、子宫肌层、子宫浆膜）。 再用连续缝合法以包埋方式闭合缝合口，用碘酊消毒缝合口后涂上樟脑油，即可将子宫送回腹腔，使其恢复原来位置。

拆除腹膜引线，用连续缝合法缝合腹膜，用温生理盐水（39℃）反复冲洗创腔，直至冲洗干净，肌肉呈粉红色为止。 采用结节缝合法分层缝合腹内外斜肌，冲洗缝合处撒布青霉素粉，结节缝合皮肤后用碘酊消毒，并涂软膏保护。

12. 人工引产术

适应症：越期妊娠（超过预产期 15 天以上）仍不见分娩征兆，孕羊患产前截瘫、严重的阴道脱出。

【引产方法】用 15-甲基前列腺素 1 毫升(2.5 毫克)、5%葡萄糖 300 毫升，1 次静脉注射，苯甲酸雌二醇 2 毫升 1 次肌内注射。 用药 18~24 小时后，仍未产出胎儿，可增加乙烯雌酚至 10 毫克，1 次肌内注射即可。

13. 角折的治疗

因外伤，如暴力打击、滚坡落崖、剧烈角斗，均可引起羊角断裂、流血不止。

【诊断要点】

(1)角壳从角基部不完全断裂，呈现流血角摇晃，角基部皮肤有断裂。

(2)角壳全脱，仍保留角突，流血呈滴状。

(3)角壳和角突从角基部完全骨折，这时会从鼻孔流血。

【防治方案】

(1)对不完全角折可进行局部消毒止血，后用"8"字绷带包扎法固定即可。

(2)不完全断裂、有部分与角基相连，但角尖仍完好的，可修剪断沿，除去游离角壳，消毒、包扎即可。

(3)完全从角基连同角突断裂，并露出角基窦孔的，可用酒精纱布一次性填塞在窦孔内，进行包扎即可。

14. 脑震荡

脑震荡是羊的头部突然受外来物击打、冲撞或磕碰引起的阵发性昏迷，反射功能减退或消失的脑神经疾患。 多发生于放牧羊群，牧羊者为了驱赶羊只而击伤羊只。 以突然倒地、全身麻痹、失去知觉为本病特征。

【发病机制】在病因作用下，如外力打击头部要害部位致使大脑组织受到强烈震动，出现应激性暂时血液循环障碍，出现贫血性大脑功能失调，相应心跳、呼吸和全身肌肉均会表现功能失常，呈现暂时性抑制和休克状态。

【诊断要点】

(1)受打击后，突然站立不稳，跟跄倒地，呼吸缓慢，瞳孔散大。

(2)大小便失禁，全身或部分肌肉痉挛。

(3)片刻后又清醒站立，如此反复发作。

【防治方案】

(1)立即用地塞米松注射液 50 毫克 1 次肌内注射。

(2)严重时可用 10%氯化钠 100 毫升、10%溴化钠 20 毫升，1 次静脉注射。

15. 脊髓挫伤

脊髓挫伤是腰部外伤波及脊髓的疾病，以受伤下部出现神经麻痹为特征。

【发病机制】脊髓神经干是在由若干个脊椎骨构成的一个管腔中通过的。 若其中一个脊椎骨损坏，就能压迫住脊髓神经或压断整个神经干，在外力作用下，就能造成脊椎管破损而引起脊髓神经干断裂，形成神经传导受阻而出现病态。

【诊断要点】

（1）颈椎损伤后，将出现呼吸反常，前肢功能失调。

（2）胸部脊髓损伤后，出现前肢麻痹和消化道功能紊乱，大小便失禁。

（3）腰部脊髓损伤后，将表现后躯麻痹，大小便失禁。

【防治方案】

（1）严重者无医疗价值，应淘汰。

（2）尚有知觉者，如尾和后肢有刺激反应的可用戊四氮 0.2 克、强的松龙 20 毫克注射于损伤部。

（3）用大葱、大蒜各 100 克，共捣为泥，贴敷在受伤处外侧皮肤上。

十、代谢性疾病

1. 日射病与热射病

羊是耐寒而恶热的动物，在盛夏的直射阳光照耀下，会发生日射病；外界环境高温、拥挤，会发生热射病。

【发病机制】从生理角度看，羊的汗腺不发达，散热能力差，主要靠口腔和舌蒸发水分而散热。 每当在烈日下停留时间过长或在高温高湿环境中过久，如长途驱赶、车运拥挤，在缺乏饮水的情况下，均可引起本病发生。

【诊断要点】

（1）神经紊乱，不安静，张口伸舌，呼吸迫促，头部炽热，走路摇摆。

（2）体温升高至42℃以上，可视黏膜充血，瞳孔时大时小，心悸亢进。

【防治方案】

（1）立即将羊只移到阴凉通风处，用凉水敷头部或凉水从肛门灌入。

（2）放静脉血 50~100 毫升，同时注入 5% 糖盐水 500~1 000 毫升。

（3）内服六一散 30 克，藿香正气水 5 毫升。

【专家提示】忌用自来水浇于羊全身。

2. 奶羊骨软症

奶羊骨软症是指成年奶羊磷、钙代谢不平衡引起的骨质疏松症。 多发生在冬春枯草时期（又是产奶高峰时期）。 以食欲减退、异食癖和跛行为特征。

【发病机制】产奶期间，乳汁中需要大量钙质，若饲料里磷补充不足，严重影响钙的吸收利用。 当饲草单一，精料中玉米过多，而豆饼、麸皮（含磷饲料）过少或根本没有，就会出现缺磷性营养不良。 由于饲料中磷、钙供应不平衡，尽管增喂多量钙，也不能被机体利用，发生骨软症就成必然现象了。

【诊断要点】

（1）食欲大减，喜啃碱土和砖石，行走无力，四肢软弱，产奶量下降。

（2）严重时颜面骨膨大，四肢聚于腹下，拱背，有时还会出现血尿。

【防治方案】

（1）首先纠正饲料搭配不合理，增加含磷、钙多的饲料，如豆饼和麸皮。

（2）立即肌内注射维生素 D_3 注射液，每次 4 毫升，隔日注射 1 次。

（3）每天在饲料中添加骨粉 200 克，让羊自食，连喂 10 天。

【专家提示】应该令羊每天在阳光下晒太阳，有助于本病痊愈加快。

3. 食毛症

食毛症实际是营养缺乏症，尤其缺乏含胱氨酸性蛋白质。 以羊群中多数羊只体表大片毛被啃光，露出真皮肤为特征。

【发病机制】在冬春枯草季节，由于饲草缺乏，尤其缺乏青绿饲料，即使是单一饲草，也不能满足羊采食。 在饥饿并缺乏蛋白质的情况下，引起羊异食癖发生，这就是羊啃食羊毛的原因。

【诊断要点】

(1)羊群在夜间或休息时，互相啃体表被毛，每年冬末春初时发生最多。

(2)以怀孕羊和青年羊啃他羊体表被毛最多，羊体被毛粗乱易折。

(3)严重时，群羊消瘦，甚至将体毛啃吃大半，呈裸体，羊粪中混有羊毛。

【防治方案】

(1)立即供给多样化饲草，补饲豆饼、鱼粉、硫酸铜。

(2)对怀孕羊每天补饲 1 个生鸡蛋也很有效。

(3)补饲苜蓿粉和石膏粉。

4. 山羊白肌病

山羊白肌病又叫"肌营养不良"，主要发生于青年羊和羔羊，已知本病发生与枯草季节(枯草期)和区域性(缺硒)有关。

【发病机制】在冬春季节，干枯饲草营养价值不高，加上气温低，体内能量消耗大，维生素和微量元素需要量多，特别在缺硒的深山区，补饲的精料又是玉米(含硒量最少)。 所以在草料均缺硒的情况下，易发生白肌病。

【诊断要点】

(1)不明原因的羊只突然死亡，剖检见肌肉苍白，心肌柔软有出血点。

(2)消瘦，肢体软弱，被毛粗乱，眼角、嘴角皮肤增厚。

(3)可视黏膜苍白，尿液呈浓茶色。

【防治方案】

(1)对可疑羊只可用 0.1% 亚硒酸钠注射液，羔羊 1 次皮下注射 1 毫升，成年羊 1 次皮下注射 1~2 毫升。

(2)饲料中加喂干苜蓿粉。

【专家提示】亚硒酸钠针剂的治疗量与中毒量很接近，使用本品应从严掌握剂量，不得随意增加用药量。

5. 奶山羊酮尿病

奶山羊酮尿病是由于碳水化合物和脂肪代谢紊乱，血液中积聚多量酮体所引起的酸中毒性疾病。 以食欲下降、吃干草而拒食精料为本病特点。

【发病机制】奶山羊在产羔后，饲料搭配不合理，精料过多，碳水化合物(糖类和纤维类)过少，引起机体内养料不平衡，尤其蛋白质、脂肪过多，分解后产生酮体，引起自体中毒。

【诊断要点】

（1）食欲反常，反刍减少，精神沉郁，瘤胃轻度臌气，便秘，蹄部疼痛，跛行。

（2）颈部肌肉痉挛，四肢聚于腹下。

（3）有时出现神经症状，时而兴奋不安，时而卧地蜷缩，屈躯昏睡。

（4）从肺中呼出类似氯仿气。

【防治方案】

（1）立即肌内注射氢化可的松 10~15 毫升（30~50 毫克）。

（2）10%葡萄糖 200 毫升、5%碳酸氢钠 100~200 毫升，1 次静脉注射。

（3）小苏打 15 克、红糖 30 克，1 次灌服，1 天 1 次，连服 3 天。

（4）甘油 30 毫升 1 次灌服。

6. 低磷血症

低磷血症的发生有明显季节性和区域性，是由于饲草中含磷元素过低，引起羊体内缺磷而致病。

【发病机制】每当春季干枯草缺乏，新萌发的青嫩草芽含水量过大，光照很少时，青嫩草芽呈黄色，含磷量低；另外，某些地区土壤中含磷量偏低，该地区所产植物的秸秆和草含磷量必然低，加上怀孕羊和羔羊需磷量又多，所以促使本病发生。

【诊断要点】

（1）采食不欢，腹围紧缩，出现异食现象，如爱舐食骨头、烂布、石头等异物。

（2）严重时出现神经症状，心慌意乱，心悸亢进，心音混而不清。

（3）有时突然倒地，片刻又站立如无病样，对光线、声音敏感，叫声嘶哑，周期性出现血尿。

【防治方案】饲料中添加骨粉，每天 60 克，喂至痊愈。

7. 低镁血症

低镁血症又叫"青草抽搐"症，多发生在每年 4~5 月雨量充足、青嫩草旺长时期，以全身抽搐，心跳缓慢为特征。

【发病机制】刚萌发的青嫩草颜色呈黄色，本身含镁离子就少，加上未经阳光照射进行光合作用，所以含镁离子更少。相反，这时未经光合作用的嫩草，含钾离子偏多。当羊采食含高钾低镁的嫩草后，轻则严重腹泻，重则出现"青草抽搐"症。

【诊断要点】

（1）突然发病，全身发抖，体温低于常温，心跳缓慢，共济失调。

（2）阵发性全身痉挛，倒地抽搐，头向一侧屈曲。

（3）呈间歇性发作，一阵过后，仍能站立采食。

【防治方案】

（1）内服硫酸镁 20 克。

（2）肌内注射维生素 D_3 1 万单位。

8. 奶山羊钴缺乏症

高产奶山羊缺乏钴元素时有发生，以厌食和掉毛、产奶量下降为特征。

【发病机制】当为了提高产奶量一味地增加能量饲料，如玉米和高淀粉饲料，而蛋白质饲料不足，最易发生钴缺乏症。 钴元素在机体养分分解和合成过程中起催化作用。 若没有钴的参与，丙酸与碳水化合物代谢就会紊乱，首先出现核酸合成缓慢，引起机体所有生化反应——合成与分解紊乱。

【诊断要点】

（1）渐进性消瘦，食欲大减，被毛粗乱，体表成片脱毛，尤其胸壁和腹侧脱毛尤甚。

（2）可视黏膜苍白，顽固性下痢（内服收敛药无效）。

（3）眼周围有痂皮，并且经常流眼泪。

【防治方案】

（1）在饲料中补充含钴添加剂，连喂半月即可纠正。

（2）肌内注射维生素 B_{12}，每次注射 500 毫克，1 周 1 次。

9. 铜缺乏症

铜元素是构成机体所必需的微量元素之一。 当饲草中含铜低时，就会出现铜缺乏症，以沼泽、盐碱、沙漠地区为铜缺乏地区。 在炼钢厂和炼铝厂附近，易发生钼中毒，实际也是铜缺乏症，因钼多，则铜不能吸收。 本病以贫血、走路摇摆为特征。

【发病机制】铜离子是组成血细胞的必需元素，羊在生长发育过程中，铜元素起重要作用，如心肌形成、血红蛋白的合成、骨髓造血功能等都必须有铜离子参与，这是羊铜缺乏症会出现贫血的原因。

【诊断要点】

（1）成年羊表现生长缓慢，可视黏膜苍白，血液稀薄，呼吸加快，每分钟达 50 次以上。

（2）走路摇摆，共济失调。

（3）有时会突然倒地痉挛（类癫痫）。

（4）初生羔羊不易站立，后躯摇摆不定。

（5）剖检见心脏肥大，骨质松软，肝肿大呈黑色。

【防治方案】

（1）在盐碱、沼泽和工业污染区（炼铝、铁厂）应在饲料中添加铜盐。

（2）对已病羊可用1%硫酸铜内服，成年羊每天服60毫升，羔羊按月龄每个月龄内服10毫升，最多不得超过60毫升。

（3）对工厂附近的钼中毒羊群，要停喂被污染的农作物秸秆和野草。

10. 碘缺乏症

碘缺乏症常见于缺碘地区，如深山区、沙岩和水土流失严重地区。以成年羊皮肤角质化、羔羊毛稀为特征。

【发病机制】机体由于缺碘，甲状腺功能减退，羊的生长发育严重失调，骨质生长异常，短腿，关节变形，大脑发育不全，上皮组织生长发育缓慢，出现皮肤老化、角质化，甚至出现呆滞，不活泼。

【诊断要点】

（1）咽喉下部肿大变形。

（2）初生羔羊被毛稀少。

（3）青年羊、羔羊发育生长缓慢。

（4）成年羊精神呆滞，眼不灵活，皮肤发绀，有眼屎。

【防治方案】

（1）在严重缺碘地区可在饮水中加入碘化钾。

（2）怀孕羊定期在饮水中滴加碘酊，每次5滴，每周1次，直到产仔后。

11. 维生素A缺乏症

维生素A缺乏症又叫"夜盲症""鸡宿眼"，就是到每天傍晚时，出现双目失明。

【发病机制】每年入冬和开春之时，为了保膘和增强羊的体质，过多的、长期的补饲棉籽饼，引起瘤胃发酵功能失常，胃内微生物繁殖不平衡引起维生素A的合成和吸收受到严重破坏，出现羊只维生素A缺乏症。

【诊断要点】

（1）怀孕母羊产出弱羔和瞎眼或眼部畸形、四肢发育不良、行走困难、运动障碍的羔羊（俗称"瞎瘫病"）。

（2）适龄母羊出现屡配不孕，长期空怀。

（3）羔羊（2~3月龄）会出现阵发性抽搐，走路东倒西歪。

【防治方案】

（1）立即停止饲喂棉籽饼，用维生素 AD 针肌内注射，每次 2 毫升，隔日 1 次。

（2）内服鱼肝油，1 天 5 毫升，连服 3 天。

（3）为了预防本病发生，可在饲料中加喂苍术粉，1 天 10 克即可。

12. 维生素 E 缺乏症

维生素 E 缺乏症多见于舍饲奶山羊，放牧羊几乎不会发生。以生殖功能紊乱为特征。

【发病机制】长期缺乏青绿饲料，而且喂含油脂过多的厨房下水（油脂过多）有碍维生素 E 的吸收，长期饲喂晒干的农作物秸秆（含维生素 E 极少），长期饲喂库存过久的混合饲料（因氧化作用，维生素 E 已氧化消失），是造成维生素 E 缺乏的根本原因。

【诊断要点】

（1）种用公羊表现性欲下降，不愿主动交配，配种准胎率下降。

（2）适龄母羊发情周期紊乱，屡配不孕。

（3）羔羊表现步态不稳，四肢僵硬。

【防治方案】

（1）多喂青绿杂草和青贮饲料。

（2）醋酸生育酚 5 毫克，1 次肌内注射，间隔 3 天再注射 1 次。

十一、羔羊疾病

1. 羔羊肺炎

羔羊肺炎多发于半月龄至2月龄的羔羊，呈流行性，发病率和死亡率均高。病原为肺炎双球菌，以肺和胸膜同时发炎为特征。

【发病机制】多在天气忽冷忽热情况下突然发病，经呼吸道感染，接触传播。风寒感冒是诱发本病的根源。

【诊断要点】

（1）主要发生于产后数周的羔羊，尤其体质差的小羊。

（2）体温升高至41~42℃，精神沉郁，连声咳嗽，颈部肌肉抽搐。

（3）口腔黏膜充血，呼吸加快，流脓性带血鼻涕。

（4）个别羔羊会出现腹泻，急性者1~2天即死亡，慢性者半月才能耐过。

（5）剖检见整个肺部充血发炎，胸腔有红色积液，肝、肺肿大，心外膜、胸膜有纤维性沉着物。

【防治方案】

（1）发现可疑病例，立即进行隔离，防止传播。

（2）青霉素20万单位，注射用水3毫升，1次肌内注射，1天3次，连用3天。

（3）氢化可的松2毫升，异丙嗪0.1毫升，1次肌内注射。

（4）为了降温，可用30%安乃近针剂滴鼻，每次滴0.1毫升。

2. 初生羔羊消化不良

出生周龄内羔羊突然表现消化紊乱，以腹泻衰弱、停止进乳为特征。

【发病机制】外界气温低，羔羊受寒冷刺激过久，引起体能过度消耗，胃肠消化能力下降，食欲下降。

【诊断要点】

（1）畏寒，身体蜷缩，卧而懒动，拉黏稠淡绿色粪便，污染尾下周围。

（2）严重时呼吸加快，出现脱水症状，皮肤失去弹性。

（3）口腔苍白干燥，衰弱，卧地不起。

【防治方案】

（1）生姜10克、红糖20克，煎熬成汁，100毫升每次灌服10毫升，1天2次，连服2天。

（2）茶叶、红糖共熬成汁100毫升，每次灌服10毫升，1天2次，连服2天。

3. 初生羔羊低血糖症

初生羔羊2~3天内，表现体质虚弱，不能站立，甚至头颈也不能抬举。

【发病机制】

(1)母源性：由于母羊孕期营养不良，多胎怀孕，胎儿虚弱所致。

(2)分娩不顺利，难产，产程过长引起羔羊元气大伤，衰弱所致。

【诊断要点】

(1)出生后羔羊表现衰弱，无精神，体温偏低，走动无力，东倒西歪，无吮乳动作，寒战。

(2)口色干燥，缺乏津液，耳尖、鼻端、四肢凉感。

【防治方案】

(1)立即用25%葡萄糖20毫升，1次灌服。

(2)党参10克、附子10毫克、桂枝1克，煎汁100毫升，每次5毫升，1次灌服，1天1次，连服3天。

4. 羔羊便秘

羔羊出生后，36小时未见排出胎粪，为羔羊胎粪停滞，应采取治疗措施，否则会危及生命。

【发病机制】先天不足，出生后没有及时吃到初乳（初乳具有刺激胃肠蠕动和分泌作用，可促进胎粪及时排出），致使胎粪停滞，就有可能发生便秘；另外，产羔时外界气温过高，空气干燥，羔羊体内水分蒸发量大，也能引起羔羊体内缺水而引起胎粪停滞。

【诊断要点】

(1)羔羊不安，时做排粪姿势，拱背努责，举尾，后躯下蹲，发出痛苦吮声或叫声。

(2)有时急起急卧，表现腹痛状，哺乳不欢，口腔干燥，眼结膜充血。

【防治方案】

(1)用双氧水20毫升，1次灌入直肠内。

(2)氨甲酰胆素1~2滴，滴入鼻孔。

(3)巴米1个（巴豆去壳）、麸皮10克，放入铜勺中炒至焦黑后，研碎，1次灌服。

5. 羔羊痢

羔羊痢是以大肠杆菌为主，由多种革兰阴性菌引起的并发症，是一种急性致死性传染病。以剧烈性腹泻、粪便带血、迅速脱水为特征。

【流行特点】

(1)本病多在每年立春前后流行，气候多变，营养不良，圈舍潮湿，是诱发本病的主要原因。

（2）呈地区性流行，3月龄以前的羔羊发病最多。

（3）病羊排泄物和有病原的陈旧羊产房是传染源，经消化道传染。

【诊断要点】本病可分为两个类型。

（1）败血型：多见于生后5日内的羔羊，表现体温升高至41～42℃，呼吸浅表，口吐白沫，四肢关节肿大，行走困难，卧地后头向后仰，可视黏膜有出血点，眼睑水肿。

（2）胃肠型：多见于6～8周龄的羔羊，表现为体温升高至40～41℃，精神沉郁，眼结膜充血，水样腹泻，拉灰白色恶臭稀便，肛门失禁，双后肢被粪便污染。

【防治方案】

（1）为了预防本病发生，产羔场所应进行消毒，对刚出生的羔羊口腔滴入0.5毫升氟苯尼考注射液。

（2）对孕后期母羊注射羔羊痢甲醛苗。

（3）对初病羊用0.5%环丙沙星注射液，按每千克体重0.5毫升，1次肌内注射，1天1次，连用3天。

【专家提示】对羔羊痢千万不要用痢特灵内服，因剂量不易掌握，常因内服过量而引起中毒死亡。

6. 初生羔羊败血症

初生羔羊败血症多发生于5～6日龄的羔羊，以体温升高至41℃以上和诸黏膜出血为特征。

【发病机制】羔羊出生地面有污秽腐败物及致病细菌感染羔羊脐带，引起羔羊全身性感染，出现菌血症。

【诊断要点】

（1）出生后几天羔羊一切正常，而后突然出现体温升高，呼吸迫促，心跳疾速，很难辨别出两个心音。

（2）全身肌肉松弛，可视黏膜暗红。

（3）临死时，鼻孔流血。

【防治方案】

（1）首先对脐带进行彻底消毒。

（2）30%安乃近注射液1～2滴，滴入鼻孔。

（3）青霉素20万单位、链霉素20万单位、注射用水3毫升，1次皮下注射，1天2次，连用3天。

7. 脐孔炎

脐孔炎是羔羊的常见病，若不及时采取治疗措施，往往可引起全身感染而危及生命。以脐部肿大、流毒水为特征。

【发病机制】

（1）羔羊出生后没有及时消毒脐带，被化脓菌污染。

（2）羔羊在脐孔尚未愈合前，被粪水污染。

（3）脐孔口被蚊蝇叮咬后感染。

本病若不及时治疗，会引起腹膜炎，甚至出现脓毒败血症。

【诊断要点】

（1）脐口肿大下垂，有分泌物，并有滴血现象。

（2）用手挤压时会流出脓液，局部充血发红。

（3）脐门出现肉芽增生和赘生物，久不愈合。

【防治方案】

（1）首先清洗脐孔，扩创排脓，用0.1%高锰酸钾水和双氧水反复冲洗。

（2）若有肉芽增生，可用硝酸银棒涂抹，然后用红霉素软膏涂擦。

（3）为了防止羔羊因局部痛痒而啃咬脐部，可用绷带包扎。

8. 羔羊先天不足症

羔羊先天不足症表现为羔羊出生后精神不欢，站立困难，全身软弱，甚至有颜面神经麻痹，口眼㖞斜等现象。

【发病机制】

（1）母羊孕期营养不良，缺乏能量和蛋白饲料，磷、钙不平衡，引起胎儿先天性营养不良。

（2）母羊产前患高热性疾病，引起胎儿维生素缺乏症。

（3）母羊在孕期补饲棉籽饼过多，喂饲时间过长，引起胎儿在子宫内就出现棉籽饼中毒，如眼球发育不良，甚至萎缩。

【诊断要点】

（1）羔羊极度瘦弱，四肢软弱无力，阵发性全身寒战。

（2）羔羊头歪向一侧，舌头露出口外，不能缩入口腔。

（3）个别关节肿大，行走摇摆，哺乳不欢，胎粪排泄推迟。

【防治方案】

（1）孕羊禁止饲喂棉籽饼，尤其孕后期。

（2）维丁胶钙1毫升、复合维生素B1毫升、0.1%亚硒酸钠0.3毫升，1次肌内注射，隔2天再注射1次。

（3）党参、白术、云苓、甘草各15克，煎汁100毫升，每次内服20毫升，1天2次，连服3天。

9. 佝偻病

佝偻病多发生于 3 月龄以内的羔羊，饮食欲正常，唯有拱背、四肢软弱，尤其前肢弯曲，难以支持体躯。

【发病机制】

(1)饲养管理不良，圈舍阴冷潮湿。

(2)哺乳期乳汁不足，断奶过早，引起营养不良，缺乏磷、钙。

【诊断要点】

(1)骨骼发育不良，关节变形，筋腱松弛，前肢呈"O"形或"X"形，严重时前肢跪行。

(2)颜面浮肿，眼结膜充血，眼周围有分泌物。

【防治方案】

(1)肌内注射维丁胶钙，每次注射 1 毫升，隔 1 天重注 1 次，连续注射 1 周。

(2)内服鱼肝油，每次 5 毫升，1 天 1 次，连服 3 天。

(3)让羔羊多在阳光下活动。

10. 白肌病

白肌病呈地方性、区域性发生。以羔羊和青年羊剧烈运动后，突然死亡为特征。

【发病机制】饲草和饮水中缺乏微量元素硒，引起硒缺乏症。

【诊断要点】

(1)平时饮食欲正常，唯有在剧烈运动后突然倒地，片刻后又站立采食。

(2)可视黏膜苍白，心跳疾速，生长缓慢，日渐消瘦。

(3)正在采食或奔跑时突然死亡。

【防治方案】

(1)0.1%亚硒酸钠注射液 1 毫升、0.25%奴佛卡因 1 毫升、维生素 E 2 毫克混合，1 次肌内注射，隔天再重注 1 次。

【专家提示】

(1)在易发病地区(缺硒深山区，水土流失严重的缺硒地区)，给怀孕后期母羊肌内注射 0.1%亚硒酸钠 2 毫升，每月注射 1 次。

(2)给羊补饲苜蓿和紫云英的青草或干草，可以预防本病发生。

11. 癫痫

羔羊癫痫是突然发生的脑神经官能症，以短时间大脑功能异常、周期性发作为特征。

【发病机制】

（1）分娩时羔羊颅腔受到损伤和压迫，致使脑血管功能失常，出现阵发性脑血管痉挛。

（2）羔羊头部受寒冷刺激，引起脑部供血不足。

（3）高热性疾病引起的阵发性神经功能紊乱。

【诊断要点】

（1）平时羊饮食欲正常，呈周期性、不定时倒地痉挛。

（2）犯病时突然鸣叫倒地，牙关紧闭，口吐白沫，瞳孔散大，眼睑抽搐，头向后仰，可视黏膜呈青紫色，大小便失禁，每次发作时间持续 10~20 分钟。

【防治方案】

（1）对高热引起的阵发性抽搐可用 0.3% 安乃近滴鼻。

（2）地西泮注射液（安定针）按每千克体重 0.3 毫克 1 次肌内注射。

（3）丙戊酸钠片（每片含 200 毫克）按每千克体重 15 毫克 1 次内服，1 天 3 次，连服 1 周即可。

12. 初生羔羊假死

羔羊落地后没有出现鸣叫和呼吸，肋部不出现扇动，但心脏仍有搏动，为假死现象。若能及时采取人工呼吸措施，可起死回生。

【发病机制】

（1）羔羊出生后没有及时清除口鼻黏液，致使呼吸受阻。

（2）分娩时外界气温过高（37℃以上），不能形成温差而以冷刺激兴奋呼吸中枢作用。

（3）因难产和产程过长，引起羔羊元气大伤，无鸣叫和呼吸能力。

【诊断要点】

（1）虽然不见呼吸动作，但羔羊口腔黏膜粉红，有光泽。

（2）用手触摸心脏部位，有跳动感觉。

【防治方案】立即用毛巾拭去鼻口腔黏液，一只手抓握住羔羊双后肢，倒立提起，头向下垂；另一只手拍打羔羊背部 2~3 下，随后平放地上，轻拍胸壁，2~3 下即可唤起呼吸动作。

13. 锁肛与直肠闭锁

初生羔羊没有肛门，肛门被皮肤覆盖，叫锁肛。若有肛门，但肛内和直肠不通叫直肠闭锁。

【发病机制】本病属先天性畸形。

【诊断要点】

(1)出生后 1~2 天,见羔羊努责,不见胎粪排出,经常做排粪姿势,下蹲鸣叫。

(2)肛门周围体积增大,凸出于尾根。

(3)触诊羔羊腹后部,可摸到腹内较硬的块状物。

【防治方案】选择肛门痕迹处,消毒后用止血钳夹起皮肤,用剪刀剪掉肛门痕迹处皮肤,在创口内寻找直肠口,钝性分离,修通直肠,并涂上植物油,即有粪便排出。

14. 羔羊肠痉挛

羔羊肠痉挛是羔羊常见病,尤其是哺乳羔羊,以剧烈腹痛为特征。

【发病机制】在炎热暑天中午,羔羊在极口渴的情况下,猛饮低温井水后而致副交感神经兴奋,引起胃肠功能紊乱,出现突发性胃肠痉挛。

【诊断要点】

(1)精神不安,时而鸣叫,时而跳跃,有时头、前肢、前半身举起像直立样,兴奋不安,或低头转圈,或用后肢猛烈蹬下腹部。

(2)细听羔羊腹壁,可听到肠蠕动强烈、连续不断的流水音。

【防治方案】

(1)30%安乃近 3 毫升,1 次肌内注射。

(2)0.5%硫酸阿托品 1 毫升,滴鼻孔内。

(3)复方樟脑酊 1 毫升,1 次内服。

15. 羔羊水中毒

羔羊水中毒是羔羊在饥饿情况下,反复饮水引起的水血症。

【发病机制】羔羊在盛夏、酷暑季节,因饥饿又找不到充饥的食物,加之气温过高,出现空腹反复饮水过多,经胃肠吸收后进入血液中,引起血液渗透压下降,血细胞崩解,血红素从肾中析出,进入尿中,出现血尿。

【诊断要点】

(1)可视黏膜苍白,精神高度抑郁,腹部膨大,触诊腹部发出金属性流水音。

(2)全身肌肉抽搐,站立不稳,呼吸加速。

(3)排尿量增多,尿淡红色。

【防治方案】

(1)立即限制饮水。

(2)地塞米松注射液 4 毫克,1 次肌内注射。

(3)内服葡萄糖粉 5 克、食盐 1 克,加水 100 毫升,1 次灌服,1 天 2 次,连服 2 天。

十二、常用药物

　　常用药物表使用说明：医用药物种类繁多，多数药物要求严格的剂量，只有根据羊的实际情况，包括病情、病性、膘情、年龄、孕否，以及出售、屠宰时间，从严挑选药物品种和一次用药剂量，不得随意改变用法用量和停药天数。 因为有些药物副作用强烈，有些药物在羊体内半衰期长，能够长时间在体内潴留，直接影响肉品质量，甚至不可食用。 为此特以表格方式列出常用药物治疗范围、用法、用量和停药时间，供实际应用时参考。

1. 常用药物表

分类	药物名称	剂型	主治	用法	用量	屠宰前停药时间（天）	备注
解毒药物	硫酸阿托品	水剂	解有机磷毒	肌内或皮下注射	10～30毫克/次		用于调整神经为2～4毫克/次
	氯解磷定	水剂	解有机磷毒	静脉注射或肌内注射	每千克体重15～30毫克/次	15	应与阿托品配合用
	亚甲蓝	水剂	解氢氰酸中毒	静脉注射	每千克体重1～2毫克/次		
	解氟灵	水剂	解氟乙酰胺毒	肌内注射	每千克体重0.1克/次	7	弃奶期7天
	疏基丙醇（巴尔）	油剂	解砷、铅、铜中毒	肌内注射	每千克体重2～3毫克/次	15	弃奶期15天
抗过敏药物	盐酸苯海拉明	水剂	荨麻疹、皮肤瘙痒	肌内注射	每千克体重0.5毫克/次	7	
	盐酸异丙嗪	水剂	镇痛、解热	肌内注射	每千克体重0.3毫克/次	7	弃奶期7天
	氯苯吡胺（扑尔敏）	水剂	皮肤过敏症	肌内注射	每千克体重0.2毫克/次	7	弃奶期7天
激素药物	醋酸可的松	水剂	产后瘫痪、休克	肌内注射	每只50毫克/次	15	
	地塞米松（氟美松）	水剂	产后瘫痪、休克	肌内注射	每只5毫克/次	15	
	甲基前列腺素	水剂	促进发情和排卵、催产、引产	肌内注射	每只1～2毫克/次	15	过敏时用地塞米松
	黄体酮	油剂	保胎、阴道脱出	肌内注射	每只15毫克/次	15	
	催产素（缩宫素）		产后子宫复原、排除恶露	肌内或静脉注射	每只10单位/次	7	

药物名称	剂型	主治	用法	用量	屠宰前停药时间（天）	备注
激素药物 垂体后叶素	油剂	产后子宫复原、排除恶露	皮下或肌肉注射	每只10～50单位/次	7	
驱虫药物 丙硫咪唑	片剂	绦虫	内服	每千克体重15毫克/次	7	
硝氯酚	片剂	肝片吸虫	内服	每千克体重3～4毫克/次	30	弃奶期15天
吡喹酮	片剂	脑包虫、细颈囊尾蚴	内服	每千克体重60毫克/次	30	弃奶期15天
5%左旋咪唑	水剂	所有圆虫类及肺、肾、眼、脊髓的寄生虫中	肌肉注射	每千克体重4.5毫克/次，1天1次	7	
5%碘醚柳胺	油剂	鼻蝇、皮肤蝇	皮下注射	每千克体重0.07毫升/次，3天1次	30	弃奶期15天
1%伊维菌素（害获灭）	油剂	广谱杀虫剂、疥癣	皮下注射	每千克体重0.02毫升/次，5天1次	15	弃奶期15天
阿维菌素	粉剂	体内外寄生虫	内服	每千克体重0.3毫克/次，5天1次	15	弃奶期10天
抗生素类药物 磺胺嘧啶钠（大安针）	水剂	抑制革兰氏菌、脑炎、沙门杆菌	静脉或肌肉注射	每千克体重0.07克/次	10	
磺胺甲基异噁唑（新诺明）		李氏杆菌、伤寒、肠炎、脑炎		每千克体重0.07克/次	10	首次量加倍
苄青霉素	粉剂	肺炎、脓痈、乳房炎	肌肉注射	每千克体重2万单位/次，1天2次	7	首次量加倍
头孢霉素（先锋霉素）	粉剂	肺炎、脓痈、乳房炎	肌肉注射	每千克体重10毫克/次	1	对青霉素有耐药时用
林可霉素	水剂	霉形体、链球菌病、关节炎	肌肉注射	每千克体重10毫克/次	7	

药物名称	剂型	主治	用法	用量	屠宰前停药时间(天)	备注
硫酸庆大霉素(正泰霉素)	水剂	绿脓杆菌、肺炎、乳房炎、肠炎	肌肉注射	每千克体重1毫克/次	7	
泰乐菌素	水剂	胸膜炎、支原体血痢、子宫炎	肌肉注射	每千克体重2~5毫克/次	10	
长效抗菌剂(长效土霉素)	水剂	附红细胞体、边虫病、弓形虫	肌肉注射	每千克体重10毫克/次	20	隔3天1次
0.5%环丙沙星	水剂	肺炎	肌肉注射	每千克体重0.5毫升/次,1天1次	30	弃奶期10天
氟苯尼考(类氯霉素)	水剂	伤寒、支原体、巴氏杆菌病	肌肉注射	每千克体重10毫克/次,2天1次	10	弃奶期10天
罗红霉素	胶囊	支原体、呼吸道病	内服	每千克体重0.7~1.5毫克/次,1天2次	20	弃奶期10天
硫酸卡那霉素	水剂	肺炎、尿道感染	肌肉注射	每千克体重15毫克/次,1天1次	7	弃奶期10天
丁胺卡那霉素(阿米卡星)	水剂	菌血症	肌肉注射	每千克体重10毫克/次,1天1次	10	弃奶期10天
螺旋霉素	水剂	霉形体、肺炎、革兰阳性菌	肌肉注射	每千克体重20毫克/次,1天1次	20	弃奶期10天
克霉唑	片剂	皮肤真菌病	内服	每千克体重30毫克/次,1天2次	无	不得经常应用
人工盐	粉剂	健胃、缓泻	内服	10~50克/次	无	
硫酸钠	粉剂	泻下、便秘、百叶干	内服	40~100克/次	无	
碳酸氢钠(小苏打)	粉剂	健胃、中和胃酸、中毒	内服	5~15克/次	无	
鞣酸蛋白	粉剂	止泻	内服	3~5克/次	无	

抗生素类药物(上部分) 消化道用药物(下部分)

药物名称	剂型	主治	用法	用量	屠宰前停药时间(天)	备注
消化道用药物						
药用炭	片剂	止泻	内服	10~20克/次	无	
来苏儿	液体	制酵、瘤胃膨气	内服	2~3毫升/次	7	弃奶期10天
松节油	液体	胃肠膨气	内服	2~3毫升/次	7	弃奶期7天
鱼肝油	液体	夜盲症、佝偻病、骨软症	内服	5~10毫升/次，3天1次	无	
比赛可灵	水剂	瘤胃积食、便秘	肌内注射	3~5毫升/次	7	
抗风湿类药物						
水杨酸钠	粉剂	镇痛、解热、抗风湿	内服	每只2~5克/次		配伍等量小苏打，减轻对胃肠刺激
保泰松(布他酮)	片剂	关节炎、睾丸炎	内服、肌内注射	每千克体重3毫克/次	7	弃奶期5天
消炎痛(吲哚美辛)	片剂	风湿病	内服	每千克体重2毫克/次	7	
二甲胺四环素哩(静松灵)	水剂	剖腹手术、乳房切开	肌内注射	山羊每千克体重0.05~0.5毫克/次，绵羊每千克体重0.1~0.3毫克/次	15	弃奶期7天
2%盐酸普鲁卡因	水剂	封闭疗法和局部麻醉	皮下或即内注射	4毫升/次	10	弃奶期7天
抗原虫病药物						
贝尼尔	粉剂	泰氏焦虫、边虫	静脉注射	每千克体重2~3毫克/次，3天1次	15	体弱者禁用
锥黄素(黄色素)	水剂	巴氏焦虫	静脉注射	每千克体重2~3毫克/次	15	避光应用
氯苯胍	片剂	球虫病	内服	每千克体重20毫克/次，1天1次	10	

2．防疫用生物药物表

药物名称	保存及有效期	用 法	免疫期	疫苗种类	停药时间（天）	注意事项
绵羊痘	0℃以下2年	皮内注射0.5毫升	免疫期1年,6天后产生免疫力	活苗	30	不可皮下注射
山羊痘	0℃以下2年	皮内注射0.5毫升	1年	活苗	30	不可皮下注射
衣原体流产苗	10℃以下1年	皮下注射3毫升	7个月	灭活	15	
触染性口炎苗	10℃以下1年	皮肤划痕注射0.2毫升	5个月	活苗	30	
山羊胸膜肺炎苗	0℃左右1年	皮下注射3～5毫升	1年	活苗	30	忌冻结
羊链球菌病苗	常温保存1年	皮下注射3毫升	半年	活苗	30	
羊三联苗	常温保存1年	皮下注射5毫升	半年	灭活	15	羊快疫、羊猝狙、肠毒血症混合苗
羊厌气五联苗	常温保存1年	皮下注射5毫升	半年	灭活	15	羔羊痢、羊快疫、羊黑疫、羊猝狙、肠毒血症
羊梭菌多联干粉苗	常温保存1年	皮下注射1毫升	1年	灭活	15	

（1）羊龄用药量标准：

2岁以上（成年羊）体重60千克左右，用药量为标准单位；

1～1.5岁（青年羊）体重40千克左右，用药量为标准单位的2/3。

6月龄～1岁（幼年羊）体重30千克左右，用药量为标准单位的1/3。

3～6月龄（羔羊）体重10千克左右，用药量为标准单位的1/8。

（2）用药途径的差异量：

内服药1次定为标准单位1。

灌肠药1次量为标准单位的1.5～2。

肌内和皮下注射1次量，为标准单位的1/3～1/2。

静脉注射1次量为标准单位的1/4。

作者通信地址：

陈万选 邮编：471800

电话：0379－6726683

地址：河南省洛阳市新安县畜牧局